Acteurs de la Science

Fondée par Richard Moreau,
professeur honoraire à l'Université de Paris XII
Dirigée par Claude Brezinski et Roger Teyssou

La collection Acteurs de la Science est consacrée à des études sur les acteurs de l'épopée scientifique moderne ; à des inédits et à des réimpressions de mémoires scientifiques anciens ; à des textes consacrés en leur temps à de grands savants par leurs pairs ; à des évaluations sur les découvertes les plus marquantes et la pratique de la Science.

Dernières parutions

Paul MAZLIAK, *Xavier Bichat. La révolution en médecine*, 2022.
AVERROÈS, *Commentaire au Poème de la médecine d'Avicenne. Traduction, introduction et notes par Mahmoud Aroua,* 2022.
Jean-Marie AURADOU, Christian DUPIN DE SAINT CYR, *La réforme médicale avortée, 1778-1793*, 2022.
Roger TEYSSOU, *Histoire des statistiques des origines au XIXe siècle. Si les statisticiens m'étaient comptés…*, 2022.
Philippe DESHAYES, Gérard ENGRAND, Augustin MOUZE, Jean-Pierre RICHARD, *Accompagner l'entrée en recherche. Le séminaire « episteme »*, 2022.
Frédéric VIOUX, *La physique pour ceux qui n'aiment pas ça*, 2022.
Paul AVAN, *Giuseppe Tartini et le troisième son,* 2022.
Michel DUBUISSON, *Pierre-Charles-Alexandre Louis (1787 - 1872). Un médecin à l'aube de la médecine scientifique,* 2022.
Roger TEYSSOU, *Une histoire de la médecine (1500-1900)*, 2022.
Hugo PIERRARD, *La Pression atmosphérique et la santé. Une histoire de bulles*, 2021.
Guillaume REY, *Les stations en primatologie. Etude des cas de Makokou et Paimpont (1962-1989),* 2021.
Michel PINAULT, *Noël Bernard (1874-1911). Du maître des orchidées au pionnier de la symbiose végétale,* 2021.

FRANÇOIS-VINCENT RASPAIL

5-7, rue de l'École-Polytechnique, 75005 Paris

http://www.editions-harmattan.fr

ISBN : 978-2-14-032374-4
EAN : 9782140323744

Jean-Pierre Dadoune

François-Vincent Raspail

Apôtre de la république et de la science

L'Harmattan

Ouvrages du même auteur

Histoire ordinaire et extraordinaire des cellules sexuelles, Paris, Hermann, 2011.

Histoire de la découverte du corps humain. Du scalpel au microscope, Paris, Ellipses, 2016.

Jean Pecquet, Médecin et anatomiste du Grand siècle, L'Harmattan, 2019.

Ambroise Paré, Chirurgien et écrivain de la Renaissance, Paris, Ellipses, 2021.

Avant-propos

La plupart des parisiens connaissent la station de métro Raspail et le boulevard du même nom, une artère fréquentée par les amoureux du quartier Montparnasse. Plusieurs villes de province se sont dotées d'une rue Raspail Mais, sait-on vraiment qui était François-Vincent Raspail ?

Ce livre ne prétend pas apporter des informations nouvelles sur cette figure haute en couleur du XIXe, comme celles fournies par Dora Weiner et Patricia et Jean-Pierre Bédéï dans leur ouvrage respectif. Son objectif est de proposer, à ceux qui souhaitent découvrir François-Vincent Raspail, une vision d'ensemble de la vie et de l'œuvre de l'homme politique et du savant, replacées dans leur contexte historique.

Personnalité singulière, pour le moins contestée et cependant séduisante, militant politique opiniâtre et républicain irréductible, mais aussi polygraphe autodidacte, scientifique visionnaire, inventeur d'une méthode de soins inédite, ce méridional voit le jour à Carpentras en 1794, aux heures les plus sombres de la Révolution Française. Il va traverser la plus grande partie du siècle suivant pour voir enfin son rêve se réaliser : l'instauration définitive de la République. Ni ses démêlés avec la justice ni près de dix-neuf ans de prisons et d'exil ne pourront jamais réduire son inlassable effort pour le mieux-être des hommes.

Durant sa longue existence qui prend fin en 1878, il est étroitement mêlé aux évènements politiques marquants, liés à trois systèmes de gouvernement successifs : la

Restauration, la Monarchie de Juillet et le Second Empire. Journaliste engagé, il fonde deux journaux d'opinion qui lui permettent de diffuser ses idées politiques et sociales : *Le Réformateur* en 1834 qui formera une collection de 383 numéros, l'*Ami du Peuple* en 1848, d'une existence plus brève, qui se limitera à 21 numéros.

Dès ses jeunes années, il se lance dans la lutte contre les injustices sociales et croit à la Révolution de 1830, pour laquelle il combat. Acteur de la révolution de 1848, candidat des socialistes à la Présidence de la République, il se sent, à juste titre, floué par les dirigeants de la Seconde République qui ont trahi les aspirations du peuple.

Une vingtaine d'années plus tard, il est le témoin attristé et désabusé de la guerre franco-prussienne et de la commune insurrectionnelle de Paris à laquelle il ne participe pas, mais dont il condamne les excès commis autant par les versaillais que par les communards. Il n'en réclamera pas moins avec vigueur l'amnistie des insurgés parisiens qui ne sera pleine et entière que deux ans après sa mort.

Enfin, consécration suprême, le patriarche, en tant que doyen d'âge de la Chambre des députés de 1876, est nommé président de l'Assemblée Nationale de la toute jeune Troisième République.

L'activité républicaine et conspiratrice va chez lui de pair avec la poursuite de ses travaux dans des domaines aussi variés que la botanique, l'histoire naturelle, la chimie, la médecine, l'économie rurale et l'agriculture ou la météorologie. C'est d'abord comme botaniste qu'il fait son entrée dans le monde scientifique. Connu comme savant, surtout depuis la parution en 1830 de l'*Essai de Chimie microscopique* puis du *Nouveau Système de chimie organique* en 1833, il peut être regardé comme l'un des précurseurs de la théorie cellulaire et le fondateur de la microchimie dont dérive notre actuelle histochimie.

Durant cette incursion dans les sciences, Raspail se fait aussi vulgarisateur pour mettre à la portée des paysans, le plus souvent illettrés, la substance des découvertes scientifiques en matière agronomique. Il est l'auteur du *Cours élémentaire d'agriculture et d'économie rurale* (1832), un manuel dans lequel il dispense ses conseils au cultivateur ou au fermier, dans le but d'améliorer sa pratique professionnelle dans différents secteurs de l'activité agricole. Le sujet sera repris et complété par la suite dans *Le fermier vétérinaire ou méthode aussi économique que facile de préserver et de guérir les animaux domestiques et même les végétaux cultivés, du plus grand nombre de leurs maladies* (1856). L'ouvrage connaitra plusieurs éditions et sera traduit en italien, en espagnol et en allemand.

Au cours des années 1840, le savant se tourne résolument vers la médecine. Cette nouvelle orientation se traduit par la publication de trois ouvrages consacrés à l'étude des causes des maladies et à la manière de les guérir : l'*Histoire naturelle de la santé et de la maladie* (1843), le *Manuel annuaire de santé* (1845), qui connaitra une longévité exceptionnelle, et la *Revue élémentaire de médecine et de pharmacie domestique* (1847-1849).

Raspail est l'instigateur d'une médecine simple et bon marché, qui trouve un écho dans les couches les plus modestes de la population qui ont difficilement accès à la médecine officielle. La dimension philanthropique de sa médecine est pour lui un élément essentiel.

Ce qu'il est convenu d'appeler la « méthode Raspail » repose en premier lieu sur une médecine curative organisée autour du camphre. Partant du principe que nombre de maladies sont d'origine parasitaire, l'auteur du *Manuel annuaire de santé* préconise l'usage du camphre dans les pathologies les plus diverses. De fait, soulignant les propriétés antiseptiques de ce composé organique, il en fait la base de l'hygiène et de la propreté.

Pourtant, Raspail n'est pas médecin, ce qui lui vaudra de subir un procès pour exercice illégal de la médecine. Néanmoins, c'est de l'exercice de la médecine qu'il vivra désormais avec aisance, soignant sans distinction bourgeois et ouvriers, aristocrates et roturiers, notables et miséreux, mais ne faisant payer que les premiers. La voix populaire lui décernera plusieurs qualificatifs laudateurs : « Le pur et honnête Raspail », « L'ami du Peuple » ou « Le médecin des pauvres ».

Sa vision idéaliste voire naïve de la question sociale, souvent défendue avec un lyrisme excessif, sa fixation sur les jésuites qui frise la paranoïa, sa mise à l'écart par les instances académiques, son talent avéré d'entrepreneur, mis au service de ses intérêts personnels, ne sauraient nous faire négliger l'apport de François-Vincent Raspail à la politique comme à la science de son temps.

Chapitre I

Les jeunes années dans le Vaucluse

François-Vincent Raspail nait le 25 janvier 1794 (7 Pluviôse, an II de la République) à Carpentras, ville du Comtat Venaissin. Ce petit pays, propriété du pape depuis le XIIIe siècle, a été rattaché à la France en septembre 1791, au terme d'une guerre civile entre les habitants d'Avignon, vite gagnés aux idées révolutionnaires, et ceux de Carpentras, restés favorables au pape. Dans le nouveau département du Vaucluse, créé en août 1793, Carpentras est devenue le siège de la sous-préfecture.

Janvier 1794 marque le début d'une période sanglante au cours de laquelle, en seulement sept mois, la révolution va dévorer ses enfants. Après le procès et l'exécution des Hébertistes en mars, Danton et ses partisans montent sur l'échafaud le 5 avril. Quatre mois plus tard, Maximilien Robespierre et ses amis sont guillotinés le 28 juillet (10 thermidor). C'est le début de la réaction thermidorienne, qui se traduit, dès le 1er août, par l'abrogation de la loi du 22 prairial an II (10 juin 1794) instauratrice de la « grande terreur ».

Ces troubles n'épargnent pas la Provence. À Carpentras, parents d'émigrés, ci-devant nobles et leurs domestiques, prêtres réfractaires doivent se présenter à la police tous les jours. Les prisons ne désemplissent pas. En 1794, on en dénombre jusqu'à huit cents par familles entières. Les arrestations en masse en juin et les exécutions en juillet surviennent jusqu'à la chute de Robespierre. Néanmoins, l'agitation continuera, sporadique, la mansuétude des autorités alternant avec la répression.

François-Vincent est baptisé, comme il le dira lui-même, le 29 janvier, derrière une porte de la maison familiale [1], sise non loin du Palais épiscopal, devenu Palais de Justice en 1801. La bâtisse, avec une porte basse surmontée d'un balcon, située 11 rue Porte de Monteux, à l'angle de la rue Porte de Monteux et de celle du Collège, existe toujours. Elle abrite aujourd'hui un lieu de culte protestant. Deux plaques au niveau de l'entrée font mémoire de la naissance de François-Vincent Raspail en ce lieu.

À ce moment, la cité, qui compte environ cinq mille habitants, a conservé son aspect médiéval, en dépit de quelques beaux bâtiments construits au centre-ville dans les deux siècles précédents. Elle est enserrée dans une couronne de remparts hérissés, de place en place, de tours dont l'édification a été entreprise par les papes Innocent VI et Clément VII au XIVe siècle. Ces fortifications seront presque totalement détruites, à la fin du XIXe siècle, pour laisser place à de larges boulevards périphériques, bordés de platanes.

La famille Raspail

Originaire du Dauphiné, la famille Raspail, fuyant les guerres de religion, s'est installée au XVIe siècle à Sault, sur les flancs du Mont-Ventoux. Joseph, le père de François-Vincent, né en 1735, exerçait à Carpentras pendant le règne de Louis XVI la profession d'aubergiste, s'honorant d'être le traiteur des vice-légats du pape. Contrairement à ce que pourrait faire croire la modestie apparente de son état, c'était un homme considéré et instruit. Il s'adonnait à la poésie, et sa verve satirique lui valait une certaine notoriété locale. En tant que bon catholique, ses sympathies allaient à la monarchie.

Joseph Raspail a eu trois fils d'un premier mariage avec Jeanne Monnier contracté à Carpentras le 17 mai 1761 : Louis-Marcellin, né le 17 avril 1762, Joseph-Ange dit Saint-Ange, né 2 avril 1768, futur colonel dans l'armée impériale et Alexis-Victor, né le 6 avril 1775, qui, devenu invalide à la suite des blessures reçues sur divers champs de bataille, recevra la légion d'honneur pour son comportement héroïque.

Toutefois, le ménage ne vivait pas en parfaite harmonie. Aussi, quand Jeanne Monnier est morte des suites de son dernier accouchement, Joseph s'est empressé de se remarier. Le 22 octobre 1779, il épousait en secondes noces Marie Laty, descendante d'une famille de petite noblesse vaticane très appauvrie, et dont le père s'était installé comme boulanger à Pernes-les-Fontaines. De cette union, qui se révèlera heureuse, naitront huit enfants dont deux décèderont en bas âge. François-Vincent est l'avant-dernier d'une fratrie qui comporte quatre filles et un garçon.

La mort de Joseph Raspail en 1799, ruiné par la faillite des assignats, laisse sa veuve et ses six enfants dans une pauvreté certaine.

Les premiers rudiments d'instruction

À l'âge de cinq ans, François, bambin aux yeux bleus et aux boucles blondes, est placé dans une garderie tenue par un sieur Dutrain, négociant en sel. Il n'en gardera pas un bon souvenir. Il écrira à un ami d'enfance avec lequel il était en pension :

> « La moitié de l'école servait au magister de grenier à sel ; et puis à droite, en entrant derrière la porte, était le maudit

escalier de la chambre où sa femme nous condamnait à tour de rôle à aller bercer sa progéniture [2] ».

Les premiers rudiments de l'instruction élémentaire lui sont ensuite dispensés par Mme Anselme, « une brave femme de Parisienne qui avait connu l'infortune ». Enfin, pour parfaire son éducation, il est confié à un émigré, M de Raoulx, qui lui donne, épisodiquement, quelques cours d'italien et de violoncelle. Mais, selon les dires de Raspail, l'ambiance familiale était détestable : les époux se disputaient fréquemment et leurs enfants faisaient preuve d'une arrogance humiliante.[3]

L'écolier surdoué

Jusqu'alors, ces premières années d'enseignement laissent François-Vincent sur sa faim. La rencontre avec l'abbé Joseph-Siffrein Eysséric[4] va être déterminante pour son épanouissement intellectuel qui va révéler une intelligence aussi vive que précoce. Le religieux, tout à la fois janséniste, gallican et républicain, tient une petite école pour les enfants pauvres, à Serres du Comtat, à une lieue de Carpentras. Il initie son élève à l'histoire, à la philosophie, aux mathématiques, à la botanique. D'une grande érudition, il enseigne au jeune François-Vincent le latin, le grec, l'hébreu et même un peu de syriaque. L'écolier, doué et travailleur, commence, dès l'âge de douze ans, à lire couramment les grands auteurs de ces langues. Il voue à son mentor une admiration sans borne : « notre existence, déclarera-t-il, n'était plus qu'une conversation, nos promenades qu'une longue leçon ». L'abbé aura sur son orientation une influence telle que trente ans plus tard, en 1833, dans sa prison de Versailles, le savant lui dédiera son *Traité de Chimie Organique* en ces termes :

« À la mémoire d'un homme de bien, mon pauvre maître, l'abbé Eysséric, à toi qui sus allier le prêtre de l'évangile avec l'homme de la science et de la civilisation ! À toi, qui, à Paris, aurait mérité de n'être d'aucune académie, et qui, dans mon village, ne voulus jamais t'élever au-dessus de la dignité d'instituteur des pauvres ! À toi, philologue d'une immense érudition, qui se dévoua toute la vie à faire épeler des lettres ! À toi, prêtre, qui n'a jamais voulu vivre que du travail de tes mains ! À toi, l'hommage de ce livre ! Puisse cette consécration pieuse rendre mon livre aussi utile à la science que l'ont toujours été tes exemples et tes leçons à la cause de l'humanité ». Adieu

Raspail Maison d'arrêt de Versailles - 20 mars 1833 »

En 1808, l'abbé Fortunet[5], « un abbé mondain ne courant que les plaisirs », persuade la mère de François de placer son fils dans l'établissement qu'il dirige. L'adolescent sera pris en charge, lui assure-t-il, moyennant quelques cours donnés à ses pensionnaires. Mais, l'expérience n'est pas concluante. François s'ennuie et n'a qu'un désir : quitter l'institution détestée.

Le départ pour le séminaire

Fort heureusement, une opportunité se présente en 1810. Fin octobre, pour complaire à sa mère, qui ambitionne de lui voir embrasser l'état ecclésiastique, il entre, muni d'une demi-bourse, au Grand Séminaire Saint-Charles d'Avignon[6]. L'année suivante, il décroche le premier prix de philosophie. Il passe alors en théologie et reçoit la charge de répétiteur de rhétorique.

En 1812, après avoir remporté le premier prix sur des théologiens de quatrième année, parmi lesquels se trouve un futur patriarche en Syrie, Mgr d'Auvergne, il est nommé, malgré sa grande jeunesse, professeur de théologie. Plusieurs de ses élèves deviendront des prélats distingués, évêques ou archevêques, parmi lesquels l'archevêque de Paris, Monseigneur Sibour[7] qui sera assassiné en 1857, dans l'église Saint-Etienne-du-Mont.

Entraîné par un besoin insatiable d'études, le jeune Raspail se procure secrètement tous les livres qui sont prohibés dans le séminaire. Il les dissimule dans la paillasse de son lit pour les lire durant la nuit. Mais, il possède aussi un réel talent oratoire, si bien qu'on lui confie la charge de quelques sermons pendant les messes. Il y gagne le surnom de « Petit Bossuet ».

Engagé dans une controverse théologique à laquelle assiste un légat du pape de passage à Avignon, il doit défendre une thèse contre l'infaillibilité pontificale. Il s'acquitte de la tâche avec brio. Toutefois, l'affaire se complique, car son contradicteur n'est autre que le directeur du Séminaire, l'abbé Sollier[8], qui sera nommé vicaire général d'Avignon. Celui-ci le convoque le lendemain de ces joutes oratoires et le somme de se rétracter. Raspail, manifestant déjà l'inflexibilité dont il fera preuve tout au long de sa vie, refuse tout net, ce qui ne manquera pas de détériorer durablement ses relations avec l'abbé.

Le certificat d'aptitude à prendre les ordres mineurs est délivré à Raspail par Mgr Perier[9], évêque d'Avignon, le 20 mai 1812. Mais déjà, le jeune séminariste doute de sa vocation religieuse. Loyalement, il s'en ouvre au prélat qui l'approuve de se retirer avant d'avoir reçu l'ordination.

Retour à Carpentras

Raspail, qui n'a que dix-neuf ans, décide alors de retourner dans sa famille à Carpentras. Il est contraint d'accepter un poste de professeur de petite classe, le seul disponible à ce moment au collège de la ville. C'est alors, comme le décriera bien plus tard l'un de ses élèves, un beau jeune homme, qui a tout pour séduire, la taille haute, les traits fins, un front dégagé, surmonté d'une chevelure blonde ondoyante, à l'allure avenante et aux manières distingués[10].

On est alors en 1813. Le prestige de Napoléon vient d'être profondément atteint par la désastreuse campagne de Russie. En dépit de ses victoires à Lützen et Bautzen, l'empereur doit à nouveau affronter les coalisés. Les Russes, auréolés de l'impensable victoire de leur campagne d'hiver de 1812, les Prussiens, forts de leur haine contre la France, les Autrichiens, voulant effacer quinze ans de défaites, se sont unis contre la Grande Armée hâtivement reconstituée. Le 16 octobre 1813 commence la « bataille des Nations », près de Leipzig, au cœur de l'Allemagne. Elle va durer trois jours et s'achever par la retraite de la Grande Armée et son repli au-delà du Rhin.

Aussi, l'ancien pays des papes commence-t-il à mal payer les impôts, Aucun prêtre n'oserait prendre part à la célébration de la fête commémorative de la bataille d'Austerlitz. Pour se tirer d'affaire, les autorités de la ville jettent leur dévolu sur le jeune professeur de collège, déjà connu pour son éloquence.

Raspail accepte l'obligation de prononcer le discours d'apparat. Dans l'allocution qu'il présente du haut de la chaire de la cathédrale Saint-Siffrein, il manifeste à la fois son patriotisme et son loyalisme à l'égard de Napoléon, en appelant les Français à s'unir autour du souverain et à faire masse contre l'invasion.

Son discours est accueilli avec enthousiasme. Il a pour effet de calmer les esprits et d'assurer le paiement immédiat des impôts arriérés. Au sortir de la cathédrale, les autorités civiles et militaires se rendent auprès de Mme Raspail mère pour la complimenter. Elles lui réclament le texte du discours pour le faire parvenir à l'empereur. À la surprise générale, l'orateur avoue qu'il ne disposait que de quelques notes comme repères. Aidé du sous-préfet et de sa femme, il reconstitue, en toute hâte, son vibrant appel qui, aussitôt, est envoyé à Napoléon. Il reviendra avec cette annotation du souverain : « Surveillez ce jeune homme, il ira loin ».

La terreur blanche

Napoléon est contraint, en avril 1814, de quitter le pouvoir, à la suite de l'échec de la campagne de France qui a entrainé l'invasion alliée. La restauration de la monarchie, avec l'avènement de Louis XVIII, afflige profondément le jeune Raspail. Désemparé, il traine sa solitude du collège, où il poursuit son enseignement, à la maison maternelle, et de celle-ci à la bibliothèque Inguimbertine dont il est le surveillant. Il ne trouve son bonheur que dans de longues promenades dans la nature, alternant les rêveries et la traduction des auteurs anciens. Cependant, il regrette amèrement de ne pouvoir aborder des études de droit ou de médecine, faute d'avoir « un tout petit bout de fortune ».

Aussi, lorsque Napoléon revient de l'île d'Elbe, en 1815, fait-il éclater sa joie. Persuadé que l'empire va être rétabli durablement, il compose une chanson bachique à la gloire de l'empereur, dont le refrain « Viens Napoléon enfin, / Sois puissant comme mon vin ! » ne laisse aucun doute sur ses opinions. L'hymne sera chanté dans Carpentras, durant, les Cent-Jours.

Mais, cette période d'euphorie prend fin avec la défaite de Napoléon Ier à Waterloo le 18 juin 1815. Dans les semaines qui suivent, les violences éclatent, et se développent dans les provinces de l'Ouest et surtout dans le midi de la France. Des groupes de Verdets[12], émeutiers aux couleurs du comte d'Artois[13], qui arborent une cocarde verte, se mettent à poursuivre et à tuer les protestants et les anciens Jacobins. Les auteurs de ces tueries sont principalement issus des milieux populaires.

Les débordements sont particulièrement spectaculaires à Nîmes où Jacques Dupont dit Trestaillons[14], à la tête de bandes armées, fait assassiner plusieurs dizaines de réformés, à Marseille, à Avignon, où sévit le chef des égorgeurs, Pointu[15], et à Toulouse. Dans la cité phocéenne, plusieurs bonapartistes, ainsi que les mamelouks ramenés quinze ans plus tôt avec les Français de la campagne d'Égypte, sont sauvagement exécutés. À Avignon, où Raspail était arrivé de Carpentras le matin même, le maréchal Brune[16] est assassiné le 2 août, et son corps jeté dans le Rhône. À Toulouse, le général Ramel[17], commandant de la place au nom de Louis XVIII, est tué le 15 août, après avoir tenté de désarmer les Verdets.

Dans ce climat de guerre civile, Raspail est persécuté, puis révoqué du Collège pour ses opinions bonapartistes. Il est condamné à mort par contumace par la Cour prévôtale, dont le redoutable Pointu est l'exécuteur. Il est contraint de fuir, déjouant les poursuites grâce à sa tenue d'ecclésiastique. Au début du mois d'août, il se réfugie chez sa jeune sœur Thérèse à Avignon. Mais, celle-ci l'incite à quitter aussitôt la ville qui est le théâtre de scènes violentes. Aussi, regagne-t-il Carpentras.

Les troubles prennent fin à l'automne 1815, après la proclamation lancée le 1er septembre par Louis XVIII pour condamner les excès du midi, et aussi, du fait de l'arrivée massive de troupes de ligne, françaises ou étrangères. Dans les mois qui suivent, Raspail n'abandonne pas son projet de suivre des études de droit ou de médecine. Maintenant âgé de vingt-deux ans, il envisage de partir de Carpentras où il ne peut satisfaire son ambition et où, de surcroit, il est en butte à l'hostilité des royalistes. Paris, lui semble-t-il, est la seule ville où il pourra assouvir sa soif de connaissance et approfondir son engagement politique.

Le 17 avril, nanti d'un passeport délivré par la mairie de Carpentras, il se met en route pour la capitale. Il quitte pour toujours sa mère et sa ville natale. Il attend la voiture d'Avignon un peu au-dessus de la route de Monteux. Arrivé dans la ville des papes, il attrape une patache, une grosse malle cahotante, mal suspendue, qui casse les reins et mène un train d'enfer. À la nuit tombée, il est à Valence qui est, par bonheur, une ville républicaine. Le lendemain, il arrive à Lyon. Le voyage se poursuit par les routes de Bourgogne ; il parvient à Mâcon et à Dijon où il fait étape. Il touche la Haute-Marne et, de Troyes jusqu'à Paris, descend la Seine à bord de ce long bateau ventru qu'on appelle galiote. Le 10 au matin, il aborde la capitale par le quai de l'Hôtel-de-Ville.

Chapitre II

Paris : débuts en politique

Quand François-Vincent arrive à Paris en mai 1816, les alliés campent encore dans la capitale. La place du carrousel est transformée en abattoir. Le commerce est presque nul, le numéraire fort rare, et le pain très cher.

Paris est encore ceinturé par le mur d'octroi des fermiers généraux, avec ses trente-deux barrières toujours militairement gardées, au-delà desquelles vit tout un peuple de marginaux. À l'ouest, la ville ne dépasse pas la moitié des Champs-Elysées. À l'est, elle s'arrête au faubourg Saint-Antoine où logent et travaillent les artisans, ébénistes et chaudronniers.

Le quartier le plus différencié au point de vue social est le faubourg Saint-Germain, avec ses nobles hôtels protégés du tumulte de la rue par des cours ou des porches que garde souvent un suisse. C'est le fief de la haute noblesse dont l'influence n'a jamais été plus grande ni la vie plus brillante qu'à cette époque.

En face du noble faubourg, se dresse la puissance rivale du quartier de la Chaussée d'Antin, domaine des grands banquiers dont Jacques Laffitte est le roi incontesté. Le boulevard des Italiens (alors de Gand), jadis un désert habité par des brigands, est maintenant une magnifique avenue bordée de superbes hôtels, de jardins et de terrasses garnies de fleurs. La bourse, l'église de la Madeleine, l'arc de triomphe de l'Etoile, sont encore inachevés mais déjà réunis par de larges artères.

Le Palais-Royal est l'étape obligatoire des étrangers et des provinciaux. Là, en effet, se trouve rassemblé dans un lieu clos, ne communiquant avec l'extérieur que par des galeries ou des péristyles tout ce que la capitale peut offrir de luxe et de plaisirs. Un grand nombre de boutiques, de commerces de joaillerie, d'horlogerie mais aussi de tailleurs, de traiteurs offrent au chaland les marchandises les plus variées. Les spectacles, que proposent la Comédie Française, le Théâtre Montansier ou plusieurs minuscules théâtres disséminés dans l'enceinte du Palais, attirent un large public. Le visiteur n'a que l'embarras du choix parmi la diversité des distractions que peut lui procurer la fréquentation des innombrables cafés, restaurants, salles de jeu ou la compagnie des femmes galantes.

Cependant, hormis ces ilots urbains privilégiés, le cœur de la ville a conservé un aspect moyenâgeux. Il est constitué d'un dédale de rues étroites et tortueuses, pavées de gros blocs de grès mal joints, chargées d'immondices, et exhalant une odeur pestilentielle. Il n'y a pas de trottoirs et l'éclairage est assuré par des lanternes à huile suspendues au milieu de la rue. Dans l'île de la Cité s'entasse toute une population misérable dans des logements sordides. Raspail déclarera plus tard : « L'immense ville m'apparut sombre, enchevêtrée et sinistre ».

La recherche de la fortune et de la gloire amène des milliers de jeunes gens de la Province à Paris qui compte alors plus de sept cent mille habitants. Cependant, arriver dans la capitale sans argent signifie qu'il faut faire face non seulement à des logements bondés, des loyers élevés, un emploi instable, mais aussi à une surveillance policière stricte. La liberté d'expression, la presse, la religion, les manifestations artistiques, et la vie académique, quoique garanties par la Charte de 1814, ont progressivement atteint une limite proche de leur point d'extinction.

Installation à Paris

À son arrivée dans la capitale, Raspail est logé chez une vieille cousine, venue s'établir à Paris avant la Révolution, qui habite rue Jean-Jacques Rousseau, une petite rue entre la rue Coquillère et la rue Montmartre. La maitresse des lieux lui a attribué une chambrette à côté d'elle.

Il se met aussitôt en quête d'un modeste emploi dans un collège ou un pensionnat qui lui permette d'entreprendre des études de droit ou de médecine. Ses recherches se révèlent vite infructueuses. Sans travail, il voit fondre les cent écus que lui avait remis sa mère à son départ de Carpentras. « Vingt fois, écrira-t-il, je fus tenté d'abandonner un état qui m'abandonnait ».

Il est contraint de solliciter son frère Joseph qui lui alloue de petites sommes, en échange de son aide à recouvrer quelques créances parisiennes. Mais, fort heureusement, Joseph décide de l'adresser à une relation qu'il a conservée dans la capitale, M de Sugny, ancien sous-préfet de Carpentras. François-Vincent obtient un poste de précepteur chez l'oncle de ce dernier, un amiral qui demeure à Bezons, à l'ouest de Paris. Mais, découvrant les liens de son employeur avec la famille royale, il décide très vite de démissionner, jugeant sa position incompatible avec ses sympathies républicaines.

Enfin en 1817, grâce à un ami des Sugny, il trouve un emploi à la mesure de ses capacités. Il entre comme répétiteur de philosophie dans le pensionnat tenu par monsieur Stadler, une annexe du collège clérical de l'abbé Liautard[1], situé rue Neuve Notre-Dame-des Champs, qui prendra en 1822 le nom de Collège Stanislas. Il y a comme élèves des jeunes gens nobles tissus de grandes familles françaises ou belges : les Mornay, les Sparre, les Sénonville, les d'Aunay, et notamment le comte Vilain XIIII[2] qu'il retrouvera lors de son exil en 1853, et qui manifestera alors son attachement à son ancien professeur.

En dépit de l'opposition de Stadler, Raspail s'inscrit en 1818 à la toute jeune école de droit. Il y suit passionnément les cours d'un professeur, monsieur Bavoux[3], juge au tribunal de la Seine, qui proclame des idées philosophiques et libérales. C'est sans doute à ce moment que se forgent ses convictions politiques.

Journaliste à « La Minerve française »

Tout en professant à l'institution Stadler, Raspail parvient à nouer des contacts avec des gens de lettres et des journalistes. À travers le professeur perce déjà le pamphlétaire, le journaliste militant. *La Minerve française,* un des organes de la presse d'opposition, lui ouvre ses colonnes.

Le quotidien, dont le premier numéro est paru le 1er avril 1818, est un journal libéral, favorable à la Charte constitutionnelle de Louis XVIII. Il est soupçonné d'être l'organe des bonapartistes et des républicains. Ses principaux rédacteurs sont Benjamin Constant[4], Louis-Antoine Garnier-Pagès[5], Étienne de Jouy[6], Étienne Aignan[7], Évariste Dumoulin[8], Antoine Jay[9], Pierre Louis de Lacretelle[10], Pierre-François Tissot[11]et surtout le chansonnier Béranger[12] dont l'amitié ne fera jamais défaut au jeune journaliste

Les articles de Raspail sont signés de pseudonymes qui sont restés inconnus, car il ne pouvait courir le risque de perdre sa place de professeur. Son style est si remarquable que les lecteurs attribuent les textes au rédacteur de *La Minerve*, Mr. de Jouy. Mais, ce dernier, à la suite d'un article de Raspail qui a eu un grand retentissement, décide de révéler, en toute honnêteté, le nom de l'auteur véritable. En vérité, dans la chronique du rédacteur qui signe « L'Ermite en Province », il est aisé de deviner qu'elle a été rédigée par Raspail lui-même. La preuve en est donnée par la description précise qu'il fait de Carpentras et les propos élogieux qu'il tient sur l'abbé Eysséric, évoquant le nom de « l'un de ses plus dignes élèves, le jeune Raspail, que les persécutions de 1815 ont forcé de quitter sa ville natale[13] ».

Déjà, dans l'un de ses textes, Raspail esquisse l'un des thèmes qui caractérisera sa pensée politique : le respect de la légalité au détriment de l'action violente. Faisant allusion aux massacres de 1793 et de 1815, il écrit en effet :

> « Si les parents et les amis que vous pleurez sont tombés sous le coup d'une main inconnue, gémissez en silence et bornez-vous à détester les passions qui produisent de semblables effets [...] invoquer la loi : c'est un devoir qu'elle-même nous impose, sous peine d'être reconnus indignes du nom et de l'héritage de celui qui vous a légué par sa mort le soin de sa vengeance [14] ».

Suite à la révélation de Mr. de Jouy, Stadler interdit à Raspail l'entrée de l'institution, le soir même. Il l'empêche de récupérer son passeport, un document indispensable pour circuler la nuit dans Paris. Au cours de la dispute qui s'ensuit, Raspail en vient à souffleter Stadler, ce qui lui vaut de passer la nuit dehors dans un coin de la salle d'un marchand de vin.

Le lendemain de retour au pensionnat, où il est accueilli chaleureusement par les élèves, Raspail constate que sa chambre a été fouillée et ses brevets universitaires enlevés. Il comprend alors que tous ses ennuis proviennent de ses activités journalistiques. Déterminé à porter plainte contre Stadler, il se rend à l'hôtel de l'Université où il est accueilli par M. de Sacy[15]. Celui-ci se montre disposé à réclamer les sommes qui lui sont dues, du fait de son licenciement abusif, mais lui conseille de présenter ses excuses au souffleté. Raspail refuse tout net. Il est contraint de quitter l'institution.

Professeur au collège Sainte-Barbe

Heureusement pour lui, il existe un autre établissement scolaire, le Collège Sainte-Barbe, où règne un certain libéralisme grâce à son directeur, Victor de Lanneau[16]. Sainte-Barbe occupe alors l'emplacement sur lequel sera bâtie la bibliothèque Sainte-Geneviève, sur le coin gauche de la Place du Panthéon. Son directeur, homme de grand cœur et d'un courage certain, réserve un accueil bienveillant à Raspail qui lui expose sa situation précaire et les motifs de son renvoi par Stadler. Il lui confie, sans attendre, la classe de troisième où, dit Raspail, en peu de temps ses élèves sont devenus ses amis.

Notre professeur continue ses études de droit en subvenant à ses dépenses grâce à ce modeste poste. Il touche un fixe de cinquante francs par mois, complété par trois ou quatre leçons en ville. Cela lui fait, dans les meilleurs des cas, deux cents francs par mois, ce qui serait suffisant pour satisfaire les besoins d'un célibataire. Mais, il est contraint de prendre en charge son neveu Amédée, âgé de quinze ans, envoyé par sa sœur Marie-Rose et son mari dans la capitale pour être placé chez un bijoutier. Les frais d'entretien de ce neveu, souliers, casquette, linge, grèvent son budget mensuel d'environ cinquante francs. Raspail connait des temps difficiles, mais il n'est pas au bout de ses peines.

L'assassinat du duc du Berry, fils du comte d'Artois et neveu de Louis XVIII, par Louis-Pierre Louvel, le 13 février 1820, attise les divisions entre libéraux et ultras et met fin à la période libérale de la Restauration. À l'annonce de la mort du duc, le directeur du Collège Sainte-Barbe manifeste ouvertement sa joie. Au cours de l'enquête de police qui s'ensuit, il cite le nom de Raspail parmi ceux des libéraux de l'école. On l'engage à licencier cet élément subversif. Ainsi, au mois d'août, Raspail reçoit son congé, victime une fois de plus de ses opinions politiques.

Après avoir terminé son droit et exercé temporairement un emploi de clerc d'avoué, il poursuit ses études d'histoire naturelle à la Faculté des Sciences où il est inscrit depuis 1819. Il subsiste en donnant des leçons à des jeunes gens de familles bourgeoises qui préparent le baccalauréat. Il parvient à se libérer de la charge imposée par l'entretien du jeune Amédée, suscitant une vive réaction de la part de son père qui l'accuse « de dépenser son argent auprès des filles du Palais-Royal ».

Rupture avec l'église

Effectivement, Raspail fréquente le Palais-Royal, mais pas pour se livrer à la débauche. Il y rencontre les écrivains, les libraires et les intellectuels qui refusent d'adhérer aux doctrines et aux projets du gouvernement de Louis XVIII.

La loi électorale, votée en 1820 sous le second ministère du duc de Richelieu[17], favorise les ultras, qui remportent largement les élections la même année. La politique gouvernementale se durcit : détention préventive de trois mois pour les justifiables suspectés de complot ; rétablissement de la censure. La succession du comte Joseph Villèle[18] au duc de Richelieu à la présidence du conseil fin 1821 marque le triomphe éclatant de la droite qui conservera le pouvoir durant tout le règne de Charles X. Le nouveau président du Conseil mène une politique répressive à l'encontre des membres des organisations sécrètes, des universités et des grandes écoles.

La religion figure en première ligne au programme de la monarchie restaurée. À son retour en 1814, Louis XVIII s'est empressé de promouvoir une nouvelle politique religieuse : instauration du catholicisme comme religion d'état, promulgation d'ordonnances facilitant les dons aux établissements ecclésiastiques, ou permettant aux évêques d'ouvrir dans chaque département une école exempte du contrôle universitaire, loi sur la sanctification des dimanches et fêtes, etc. En 1820, il ne reste de l'épiscopat napoléonien que vingt-six prélats qui ne seront plus que neuf en 1830.

Dès 1818, Raspail abandonne l'état ecclésiastique. Dans une lettre adressée le 6 octobre à son frère aîné Joseph, il annonce : « Oui j'ai enfin quitté cette maudite soutane qui m'a fait perdre le plus beau temps de ma jeunesse[19] ». Il s'est intégré très vite au combat de la jeunesse universitaire avide de changement et de justice sociale. Aussi, plus que jamais, il s'engage dans la lutte contre ce pouvoir qui raffermit l'alliance du trône et de l'autel. Sous le pseudonyme de M. Lutrin, Attaché depuis vingt-cinq ans à la Paroisse St. Etienne, il publie, en novembre 1821, son premier ouvrage imprimé *Les Missionnaires en opposition avec les bonnes mœurs et avec les lois de la religion.*

Depuis la restauration de leur Compagnie en 1814, les jésuites bénéficient de la bienveillance passive de Louis XVIII : « Que les Pères ne reprennent ni le nom ni l'habit de la Compagnie ; qu'ils s'occupent sans bruit de leurs affaires, et ils n'ont rien à craindre », fait-il savoir au Père de Clorivière[20], par l'intermédiaire de son confesseur. Les jésuites contribuent, notamment dans les grandes villes, au projet des prêtres missionnaires dont le dessein est de ranimer la foi dans une France déchristianisée.

L'œuvre des missions ébauchée, sous l'Empire, avec le soutien du cardinal Fesch, a repris sous la Restauration, à l'instigation de l'abbé Jean-Baptiste Rauzan[21], devenu chapelain du roi. Le projet d'une Société des Missions, soumis par l'abbé de Forbin-Janson[22] à Louis XVIII, a été agréé. L'ordonnance royale du 26 septembre 1816 a créé la Société des Prêtres de la Miséricorde, qui sera plus connue sous le nom des Missions de France.

Arrivés en groupe dans une ville, les missionnaires jettent l'interdit sur les bals et les carnavals, ainsi que l'anathème sur les mauvais livres : on procède à des autodafés des ouvrages impies de Voltaire, de Diderot et de Rousseau. Les prédications ont lieu plusieurs fois par jour, à des heures inhabituelles, et dans des lieux insolites, comme les cimetières, pour mieux impressionner les esprits. Ces dévotions rassemblent des foules en des communions collectives, des confessions en masse et des processions qui s'achèvent par des plantations de croix en des sites symboliques.

Les missionnaires ne font pas de politique, à proprement parler. Mais, quand ils font crier « Vive le Roi » - et non « Vive la Charte » - ils donnent l'impression de soutenir la politique des ultras. Ils sont convaincus que l'autel et le trône ont des intérêts communs[23].

Les pratiques des missions ne peuvent laisser Raspail indifférent. Dans son violent pamphlet, il va s'employer à démontrer à la fois l'inutilité et la dangerosité des prêtres missionnaires. « J'aime la religion, proclame-t-il, je n'aime pas les Missionnaires, voilà tout le sujet de mon discours ». Ses conclusions, dans le résumé que l'auteur donne lui-même de l'ouvrage, sont sans appel :

> « La mission est inutile, la mission est nuisible. Il s'est fait plus de mal dans une réunion nocturne des églises Saint-Jacques et Saint-Etienne, que dans une représentation des Variétés ; or, d'après cet axiôme,qu'une réunion non nécessaire et dangereuse doit être supprimée, j'opine, Messieurs, que vous devez laisser nos chaires et nos confessionnaux à des hommes qui prêchent et confessent sans occasionner de scandales[24] ».

Affiliation aux sociétés secrètes

Son opposition au régime conduit naturellement Raspail à adhérer, comme beaucoup d'étudiants de sa génération, à la franc-maçonnerie et à la charbonnerie.

La fin de l'Empire a entrainé un important affaiblissement de la franc-maçonnerie française qui occupait une place prédominante. Le temps du millier de loges est révolu, et le Grand Orient de France, la plus ancienne obédience maçonnique française, se trouve heureux de pouvoir encore en dénombrer quelque trois cents autour de l'année 1820[25].

Sans disposer de la preuve qu'il en ait fait partie, Raspail intervient comme orateur dans la loge des *Amis bienfaisants*, créée en 1814 et affiliée au Grand Orient. C'est ainsi que, le 16 mars 1822, il y prononce un discours enflammé et grandiloquent, une sorte de fantaisie poïétique sur un voyage d'Orphée : « Sainte Liberté, clame-t-il, ton nom n'est pas un blasphème [...] Liberté ! Loin de toi, la lyre reste muette, le pinceau est sans couleur, le ciseau tombe de la main languissante du statuaire et la beauté n'a plus d'autel [26]». L'auteur du discours, jugé contestataire, fera l'objet d'un rapport de police.

En revanche, il est avéré que le jeune opposant est membre de la loge des *Amis de la vérité*, fondée en 1820 par quatre étudiants, Armand Bazard[27], Philippe Buchez[28], Pierre Dugied[29] et Nicolas Joubert[30]. Cette loge rassemble des étudiants, des jeunes gens du commerce et des commis d'administration à l'octroi. Son fonctionnement ressemble plutôt à un club républicain, l'objectif étant de débattre et d'œuvrer pour le renversement des Bourbons, sans s'embarrasser des pratiques maçonniques considérées comme désuètes.

Au début de l'année 1820, des mouvements insurrectionnels éclatent en Espagne, au Portugal et dans la péninsule italienne méridionale. Sans doute influencés par ces évènements, Raspail et ses compagnons des *Amis de la Vérité* participent à la conspiration du 18 août visant à chasser les Bourbons honnis.

Cette première conspiration d'envergure, dite du « Bazar français », rassemble, rue Cadet à Paris, les élites libérales les plus opposées au régime, notamment les députés Lafayette[31] et Voyer d'Argenson, un certain nombre d'officiers et de sous-officiers en demi-solde et des étudiants. Les militaires songent à s'emparer du pouvoir selon un processus qui a réussi en Espagne : soulèvement des garnisons et prise du pouvoir. Mais, mal coordonnée, réunissant des participants d'appartenance politique différente et n'offrant pas de perspectives claires de gouvernement, la conspiration est découverte, avant même son déclenchement, dans la nuit du 19 au 20 août.

Raspail reconnaitra plus tard : « Même moi, qui m'enrôlais sous des chefs que je ne connaissais à peine, je ne pourrais pas aujourd'hui préciser qu'elle eût été la conséquence de la réussite de notre mouvement. L'enseigne couvrait tout. Cette enseigne, c'était le drapeau tricolore qui convenait aux différents partis amalgamés, unis dans un commun sentiment de haine pour les rois de la Sainte-Alliance[32] ».

Pour échapper à d'éventuelles poursuites, deux membres de la conspiration du 18 août, Joubert et Dugied, passent alors dans le royaume de Naples et reviennent en 1821 avec les statuts de la Charbonnerie italienne. Adaptée notamment par leurs amis Bazard et Buchez, entre février et mai 1821, une Charbonnerie spécifiquement française, héritière des sociétés secrètes des *Bons cousins charbonniers* créées au XVIIIe siècle, voit le jour. Patronnée par des députés influents comme Lafayette et son fils, Dupont de l'Eure[33], Voyer d'Argenson[34], Manuel[35]et Beauséjour[36], l'organisation multiplie les adhésions à Paris et en province mais aussi dans l'armée.

Comme beaucoup des membres des loges maçonniques, Raspail devient carbonaro. C'est sans doute dans ce milieu qu'il se lie avec le général Foy[37], Persigny-Fialin[38], et surtout avec celui qui deviendra son meilleur ami, Théophile de Guillard de Kersausie[39].

L'organisation secrète, très active de 1820 à 1823, ne conduit qu'à des coups de main que le pouvoir peut déjouer sans grande difficulté. Début 1822, des complots échouent à Belfort, Toulon, Nantes et Saumur. C'est à cette période qu'éclate l'affaire des quatre sergents de La Rochelle, accusés d'avoir fomenté des troubles dans leur régiment. Leur procès qui se déroule devant la cour d'assises de la Seine, est un évènement politique majeur. Il débouche sur la condamnation à mort puis à l'exécution, place de Grève, le 21 septembre 1822, des quatre sous-officiers, Jean Bories[40], Jean Pommier[41], Marius Raoulx[42] et Charles Goubin[43]. Les suppliciés seront considérés comme des martyrs par l'opinion publique et deviendront des icônes du mouvement républicain.

Raspail est scandalisé par le sort réservé à ses compagnons de la Charbonnerie. Il en vient à douter de l'efficacité de l'action de cette société secrète. Il avouera plus tard : « J'en étais arrivé au plus complet désenchantement en politique sous le rapport des amitiés [...] La réussite n'avait que trop manqué à la Charbonnerie ; je cachais ma tristesse sous une conversation rieuse [44] ».

Toutefois, bien que n'étant plus un militant très actif, Raspail restera affilié à la franc-maçonnerie. Il est établi qu'en 1832, il est membre du Conseil supérieur de la *Loge Ecossaise des Trois Jours* d'inspiration révolutionnaire et carbonariste qui semble avoir accueilli les combattants de 1830 mécontents d'avoir été frustrés de leur révolution.

Ironie du sort, pour gagner sa vie, il est amené à fréquenter, durant l'été, des familles de bonne noblesse. C'est ainsi qu'il donne des cours de vacances aux enfants de la famille du comte de Pontcarré, et assure l'instruction de ceux de Mme de Tolosan, de la marquise d'Argens, et de Mme de Dampierre.

Adepte de l'union libre

C'est à la fin de 1821 que Raspail rencontre Henriette Adélaïde Troussot, de cinq ans sa cadette, fille d'un tonnelier de la Montagne Sainte-Geneviève à Paris. Ils emménagent dans une petite chambre, rue des Fossés-Saint-Jacques. À rebours des conventions en usage dans la bonne société bourgeoise, Raspail affirme, une fois de plus, son indépendance d'esprit. Il ne lui propose pas de l'épouser.

Peut- être redoute-t-il de créer des liens indéfectibles, depuis que la loi autorisant le divorce, promulguée en 1792, a été abrogée en 1816 sous la Restauration. Peut-être aussi, est-il influencé par la doctrine saint-simonienne qui affirme la nécessité de l'affranchissement des femmes pour la régénération de l'ensemble de la société[45]. Le saint-simonisme participera au regain de féminisme au cours des années 1830. Héritières de Saint-Simon, Claire Bazard[46], Cécile Fournel[47] et Marie Talon[48] seront au sommet de la hiérarchie du mouvement sur lequel flottera le soupçon d'immoralisme, la « femme libre » étant rapidement assimilée à la femme publique.

Ainsi, Raspail et sa compagne vivront ensemble dans une union libre qui se prolongera jusqu'à leur mariage en 1847. Durant toute sa vie auprès de François, Henriette Adélaïde se montrera d'un dévouement exemplaire, l'assistant sans faille dans toutes les épreuves qu'il allait traverser.

Le couple aura quatre fils et une fille. Benjamin, leur premier enfant, nait le 18 août 1823. Artiste-peintre, républicain fervent comme son père, il deviendra député de Villejuif de 1876 à 1889. La naissance d'un second fils, Camille, survient le 17 août 1827. Médecin, il participera à la révolution de 1848. Il s'illustrera comme chirurgien durant le siège de Paris en 1870, et sera député du Var de 1885 à 1893. Suivront Emile, né le 7 mai 1831, ingénieur chimiste, sorti de l'École centrale, qui deviendra Conseiller général de la Seine et maire d'Arcueil-Cachan, Marie-Apolline, la fille exemplaire, qui voit le jour le 24 octobre 1836 et Xavier, venu au monde le 2 décembre 1840, qui, après avoir fait des études de médecine se consacrera à son père dont il deviendra le secrétaire.

Chapitre III

Le savant inspire

Quand Raspail entame sa carrière de chercheur en 1824, la science, qui va progresser considérablement dans les décennies suivantes, a déjà pris son essor, notamment dans les domaines des mathématiques, de la physique et de la chimie. Les progrès importants accomplis dans les mathématiques se traduisent par l'apparition des nouvelles mathématiques, par le développement de l'analyse mathématique de la logique, ainsi que par la recherche des fondements de l'arithmétique et de la géométrie.

Le physicien italien Volta[1] invente la première pile électrique en 1800. Gay-Lussac[2], alors président de l'Académie des Sciences, connu pour ses études sur les propriétés des gaz, ouvre, dès le début du siècle, la voie aux notions fondamentales de la chimie atomique. Le physicien Ørsted[3] établit, en 1820, la relation entre l'électricité et le magnétisme. C'est en 1824, que Sadi Carnot[4] publie *Réflexions sur la puissance motrice du feu et sur les machines propres à développer cette puissance* où il pose les bases de la thermodynamique.

Les sciences appliquées bénéficient des avancées des sciences fondamentales. Par exemple, de nouveaux moyens de transport apparaissent. La première liaison régulière par bateau à vapeur est inaugurée sur l'Hudson en 1807.

Stephenson[5] construit un premier prototype de locomotive en 1814.

De 1790 aux années 1820, les sciences du vivant connaissent un changement radical. La conception plus dynamique du vivant qui s'imposera au cours du XIXe siècle se substitue à la vision plutôt statique du siècle précédent[6]. Parmi les nouveaux horizons explorés, les sciences de la vie, qui bénéficient d'un intérêt croissant, avancent à grands pas. La biologie se constitue comme une science à part. Le nouveau terme de biologie, inventé en 1797 par Theodor Gustav August Roose[7], est défini en 1800 par Jean-Baptiste de Lamarck[8] comme la « science des corps vivants ».

L'évolution naturelle des espèces est l'une des grandes préoccupations savantes du moment. Lamarck, Georges Cuvier[9]et Etienne Geoffroy Saint-Hilaire[10], tous trois professeurs au Muséum national d'histoire naturelle, sont les premiers à jeter les bases d'une théorie de l'évolution.

Lamarck est l'auteur du transformisme qu'il présente en 1809 dans un ouvrage devenu classique, *La Philosophie zoologique*. Selon cette théorie, les êtres vivants n'ont pas été créés tels quels : ils ne sont pas fixés, ils se transforment. Sous l'action du milieu, les adaptations se produisent de façon imperceptible, sur un temps très long et se transmettent héréditairement à la descendance.

Contrairement à Lamarck, Cuvier, promoteur de l'anatomie comparée et de la paléontologie, est partisan de la fixité des espèces, se référant implicitement à la création divine. Pour Cuvier, les fossiles sont les témoins de catastrophes passées ayant anéanti des faunes et des flores entières et n'ont aucun rapport de descendance avec les espèces actuelles.

Geoffroy Saint-Hilaire défend une thèse qui parvient à concilier le recours à la création divine avec le transformisme : tous les organismes vivants, construits sur le même plan à partir d'une matière initiale créée par Dieu, sont soumis néanmoins au cours du temps à l'action du milieu.

Dès 1824, Raspail est mêlée à la querelle qui opposera, durant plusieurs années, Geoffroy Saint-Hilaire à Cuvier. Le jeune savant partage entièrement les arguments du premier dont il défendra les options, aussi bien dans le *Bulletin universel des sciences et de l'industrie* (1825-1826) que dans les *Annales des sciences d'observation*(1829-1830).

C'est au XIXe siècle, enfin, que la connaissance des organismes vivants franchit une étape décisive avec l'observation microscopique des tissus qui va ouvrir la voie à la cytologie, une nouvelle science ayant pour objet l'étude des cellules. Les botanistes allemands et français sont à l'avant-garde de la recherche qui aboutira à l'éclosion de la théorie cellulaire. On comprend que l'intérêt de Raspail se soit porté en premier lieu sur la botanique.

Premiers travaux scientifiques

Raspail, qui avait pris l'habitude d'herboriser dès son adolescence, travaille sur les collections de plantes rassemblées dans les serres et le jardin botanique du Museum d'histoire naturelle. Il y rencontre le physicien Le Baillif[11] avec lequel il se lie d'amitié. Il accède au « Grand Herbier », hérité de Linné[12], que Benjamin Delessert[13]tient ouvert à quiconque s'occupe de botanique.

Le jeune chercheur décide de travailler sur la famille des graminées, « la famille des plantes la plus négligée des auteurs, celles dont les charactères avaient été les plus méconnus par les observateurs ». Il souhaite faire part de ses premiers résultats au monde scientifique. « Le temple de la gloire, proclame-t-il, semblait être à l'Académie des Sciences[14] », l'institution ayant retrouvé, depuis 1816, son statut d'avant la révolution. Après une tentative infructueuse auprès de Desfontaines[15], professeur de botanique au

Muséum, pour obtenir la lecture de son travail à une séance de l'Académie, il apprend qu'il suffit de s'inscrire pour pouvoir le présenter.

Le 2 novembre 1824, Raspail expose ses premiers résultats sur les graminées à l'Académie des Sciences. L'assistance l'accueille froidement. Aubert du Petit Thouars[16]est l'un des rares académiciens, avec Geoffroy Saint-Hilaire, à lui prodiguer ses encouragements.

Son mémoire sur « La formation de l'embryon dans les graminées » est publié dans les *Annales de Science naturelle* en mars de l'année suivante Il rencontre l'approbation du savant allemand Trinius[17] qui le traduit et le fait imprimer par les soins de l'Académie des Sciences de Saint-Pétersbourg dont Raspail devient membre *ipso facto*. Il est également admis à la Société Linnéenne, une société savante placée sous le patronage de l'illustre suédois.

Dans le prolongement du travail précédent, Raspail expose le 6 août 1825, devant la Société Philomathique de Paris, son mémoire sur *Le développement de la fécule dans les organes de fructification des céréales et l'analyse microscopique de la fécule, suivie d'expériences propres à en expliquer la conversion en gomme*. Il y communique les résultats qu'il a obtenus, pour la première « application des procédés chimiques aux observations du microscope ».

Il décrit le microscope dont il se sert : « une simple loupe montée dont la plus forte lentille n'a qu'une ligne de foyer », en précisant « Cette sorte d'instrument, composée d'un miroir, d'un porte-objet et d'un porte-lentille qu'on peut faire mouvoir d'avant en arrière et de gauche à droite, est plus à l'abri des illusions d'optique que les microscopes composés[18] ».

L'auteur manifeste d'emblée une rigueur scientifique remarquable. Il présente un plan de recherche dont il réalisera les étapes point par point. Pour étudier plus commodément les ovaires non fécondés dans les céréales, il utilise une méthode complétement nouvelle qui consiste à préserver les spécimens dans des milieux réfrigérants, de façon à « empêcher les tissus d'être déformés et aplatis par le scalpel microscopique[19] ». Il prend un soin particulier à comparer et à analyser au microscope plusieurs ovaires de différents âges, afin de mieux saisir le passage d'une forme à une autre dans le progrès de la végétation. Il utilise l'alcool et la teinture d'iode pour solidifier et colorer les tissus.

Après avoir observé au microscope les effets de différents réactifs sur la fécule de pomme de terre, il conclut :

> « Les cellules des végétaux sont des vésicules appliquées les unes contre les autres par l'adhérence de leur paroi [...] Ces cellules varient de diamètre selon les différents végétaux, selon les différents âges du végétal, et selon les différents organes du même végétal[20] ».

En octobre 1825, il devient rédacteur - pour la partie botanique et agricole - au *Bulletin universel des sciences et de l'industrie*, dirigé par le baron de Férrussac[21]. Au bureau du journal, rue de l'Abbaye, il se lie d'amitié avec Jacques Saigey[22], brillant normalien, féru de mathématiques, son cadet de trois ans.

Dans le même temps, il enseigne à l'Athénée royale, un collège fondé sous le nom de Lycée dans les dernières années de l'ancienne monarchie, où sont donnés des cours de physiologie, de chimie, et d'histoire naturelle. L'institution est un foyer de l'opposition libérale. On peut y entendre, entre autres, François Magendie[23], le baron Thénard[24], Auguste Comte[25], Auguste Blanqui[26].

En 1826, à la suite de la parution dans les *Annales des sciences naturelles* d'un troisième mémoire intitulé*Additions au Mémoire sur l'analyse microscopique de la fécule*, il devient membre de la Société philomathique de Paris dans la section de botanique. C'est alors une société des plus brillantes, créée en 1788 et fréquentée à ses débuts par les meilleurs esprits du temps, Monge[27], Fourcroy[28], Lavoisier[29], Lacépède[30], Berthollet[31]. Raspail peut y rencontrer les représentants de la génération suivante, notamment Lamarck et Cuvier.

Dans le *Mémoire sur l'hordéine, le gluten* présenté à l'Académie des Sciences le 3 juillet 1826 et imprimé l'année suivante dans les *Mémoires du Muséum d'histoire naturelle*[32], Raspail, examinant au microscope des grains d'orge et de blé, met en évidence l'amidon et le gluten dans les mêmes cellules. Il établit ainsi que les cellules ne sont ni vides ni inertes, contrairement à ce qui est admis jusqu'alors.

Mais la curiosité de Raspail déborde largement le champ de la botanique. En 1827, Il s'intéresse au tissu adipeux[33]. Il consacre deux mémoires à la structure intime des tissus de nature animale[34]. En collaboration avec Gilbert Breschet[35], professeur d'anatomie à la Faculté de Médecine de Paris, il publie deux articles, le premier sur l'anatomie microscopique des nerfs[36], le second sur l'anatomie microscopique du placenta humain[37]. Il poursuit ses recherches en zoologie et aborde la médecine légale, avec la caractérisation des taches de sang.

Au moment de la polémique autour de la prétendue découverte de l'insecte de la gale par le pharmacien Jean-Chrysanthe Galès[38], Raspail n'hésite pas à se livrer à des recherches sur le sujet[39]. Il démontre que ce dernier a mystifié les plus grands savants, faisant passer un vulgaire acarien du fromage pour celui de la gale. Dans le mémoire publié en 1834, il donnera une description précise du parasite chez l'homme (*Sarcoptes scabiei*, variété *hominis*) et le cheval, faisant l'hypothèse, osée pour l'époque, que l'acarien est l'agent causal de la maladie humaine[40]. Ce faisant, il ouvre la voie à une nouvelle science : la parasitologie.

Mais, la passion de Raspail pour la science ne peut occulter ses engagements politiques. Ainsi, quand Férrusac accepte que le *Bulletin universel des sciences et de l'industrie* soit financé par le dauphin, le duc d'Angoulême,

Raspail, suivi de son ami Saigey, démissionne. En 1829, ils fondent ensemble les *Annales des sciences d'observation*. Leur ambition est considérable. Ils expriment la nécessité de réunir dans un même cadre les connaissances physiques, chimiques, mathématiques, ainsi que celles des règnes organiques. Ils projettent d'étudier les sciences, en indiquant le but qu'elles se proposent, comment elles se forment et s'enrichissent par l'observation directe. On peut lire dans le discours préliminaire du premier numéro de la revue :

> « Incapable de saisir les objets dans leur existence réelle, à cause de l'imperfection et l'insuffisance de nos organes, la raison choisit, dans les résultats immédiats de l'observation, ceux qui sont à sa portée ; ou plutôt ces observations se réduisent à l'effet combiné de l'action des corps sur nos organes et de nos sensations sur le principe intelligent[41] ».

Ainsi, chaque mois, les *Annales* publient des mémoires originaux, ou ayant paru dans des revues spécialisées, accompagnés de belles planches gravées. Quatre tomes de la revue paraitront entre 1829 et 1830.

Parmi les travaux réalisés par Raspail entre 1824 et 1829, ceux consacrés à la botanique portent en germe les avancées scientifiques majeures qui seront formulées clairement dans trois ouvrages ultérieurs : *Essai de chimie microscopique appliquée à la physiologie*, *Nouveau système de chimie organique* et *Nouveau système de physiologie végétale et botanique*.

Un précurseur de la théorie cellulaire

Au moment où Raspail entreprend les recherches qui vont contribuer à l'éclosion de la théorie cellulaire, quel est l'état des connaissances sur la cellule ?

Depuis la seconde moitié du XVIIIe siècle, l'élaboration d'une théorie visant à déterminer la structure élémentaire des êtres vivants est l'une des préoccupations majeures de quelques grands savants. La liaison n'est pas encore faite entre la notion d'unité élémentaire de la matière vivante et les cellules des végétaux déjà décrites par Hooke[42], Malpighi[43] et Grew[44]. Faisant suite aux recherches de Hooke, les travaux de Malpighi ont établi que la cuticule des végétaux est organisée en unités élémentaires, les *utricules* et les *saccules*. Simultanément, Grew a observé que l'épiderme et le parenchyme des plantes est constitué de petites vésicules qu'il dénomme *vesicles* ou *bladders*.

Se référant à la structure anatomique des nerfs, des tendons, des muscles et du tissu conjonctif lâche, Haller[45] élabore une théorie de l'unité élémentaire de l'être vivant fondée sur la fibre. Cette théorie fibrillaire persistera sous des aspects variés jusque vers le milieu du XIXe siècle.

Buffon[46], quant à lui, est un tenant de la théorie des « molécules organiques », une théorie presque purement spéculative et affranchie de toute référence aux données de l'histoire naturelle, celles de l'observation microscopique y compris.

> « Cela nous conduit à croire, écrit-il, qu'il y a dans la nature une infinité de parties organisées actuellement existantes, vivantes et dont la substance est la même que celle des êtres organisés[47] ».

Dans un esprit tout à fait différent, Fontana[48], microscopiste averti, est lui aussi à la recherche d'un élément constitutif du corps animal. Il croit l'avoir découvert sous la forme de cylindres primitifs[49].

À l'orée du XIXe siècle, Lorenz Oken[50] apparait comme un véritable précurseur de la théorie cellulaire. Dans l'ouvrage qu'il publie en 1805 sur» La génération » (*Die Zeugung*), il reconnait nettement que le corps des animaux est constitué par un agrégat de cellules :

> « Tous les organismes, affirme-t-il, naissent de cellules et sont formés de cellules (ou vésicules) [...]. Il s'agit seulement de vésicules muqueuses qui à partir de leur union ou

de leur combinaison se constituent en espèces particulières[51] ».

Dès lors, l'étude de l'anatomie microscopique des végétaux progresse rapidement, car les botanistes utilisent de plus en plus le microscope qui connait des améliorations notables.

Les botanistes allemands sont les premiers à employer le terme de cellule, à admettre son individualité et à reconnaitre l'organisation cellulaire des plantes. C'est Sprengel[52]qui réintroduit en botanique le terme de cellule. Moldenhawer[53] montre qu'il est possible d'isoler les cellules végétales les unes des autres par la macération. Von Kieser[54] considère que les plantes sont composées en grande partie de cellules qui forment le tissu cellulaire.

Les travaux des botanistes français jouent également un rôle déterminant dans l'éclosion de la théorie cellulaire. Brisseau de Mirbel[55]décèle dans le tissu végétal des cavités qui représentent des petites cellules tantôt régulières, tantôt irrégulières.

Dutrochet[56]décrit minutieusement les petits corpuscules vésiculaires qu'il obtient par l'action de l'acide nitrique chaud sur la moelle de sensitive et s'interroge sur leurs fonctions, à rebours des auteurs antérieurs uniquement intéressés par la morphologie.

Confirmant les premiers travaux de Raspail, Turpin[57], considéré comme l'un des plus grands illustrateurs botaniques de l'époque napoléonienne, fera paraitre en 1829 un mémoire sur l'organisation microscopique des végétaux dans lequel il soutiendra que les plantes sont constituées de globules ou vésicules.

Cependant, dès 1827, Raspail donne une ébauche très aboutie de la théorie cellulaire, dans son mémoire sur la structure, le développement de la feuille et du tronc. Il tire de ce travail des conclusions remarquables :

« Que toute substance gommeuse tend, sous l'influence de l'air à végéter, c'est-à-dire à s'assimiler le carbone de l'acide carbonique, répandu dans l'air, et à former un tissu cellulaire dont les cellules sont capables d'élaborer intérieurement d'autres cellules et ainsi de suite (omnis cellula e cellula) [...] Que ce qui peut se dire des végétaux s'applique immédiatement aux animaux[58] ».

À la fin du mémoire, il est encore plus explicite :

« Donnez-moi une cellule dans le sein de laquelle puissent s'élaborer à l'infini, et s'infiltrer à mon gré d'autres cellules, et je vous rendrai toutes les formes des êtres organisés[59] ».

Il ajoute plus loin :

« Que chaque vésicule devient un laboratoire destiné à organiser d'autres vésicules [...] Qu'ainsi chaque vésicule d'un végétal, et même d'un animal peut être regardée comme le rudiment de l'être lui-même[60] ».

Ses principales contributions sur la chimie vitale et la structure cellulaire, qui ont paru dans les années 1824-1830, trouvent leur accomplissement dans le *Nouveau système de chimie organique*. Dans cet ouvrage, Raspail souligne « la généralité du règne de l'organique en défendant la thèse d'une identité fondamentale de tous les règnes du vivant, végétaux et animaux ».

Il considère que la cellule, ou ce qu'il nomme la vésicule, constitue l'élément premier du vivant. Il en définit son fonctionnement ainsi :

« Le type de l'être organisé peut se réduire, dans sa plus simple expression, à une vésicule imperforée, douée de la propriété d'élaborer, au profit de son développement indéfini, les substances gazeuses et liquides qu'elleattire dans son sein, par aspiration, et de rejeter, par expiration, ceux des éléments décomposés qui ne peuvent servir à l'assimilation [...] Voilà donc l'eau, le carbone etles bases, devenues par leur cristallisation vésiculaire, si je puis m'exprimer ainsi, un centre de vitalité, un laboratoire où vont s'organiser de nouvelles quantités de gaz en s'associant et se condensant successivement[61] ».

Dans son *Nouveau système de physiologie végétale et de botanique*, Raspail formule, à nouveau, clairement sa pensée :

« L'organe le plus compliqué peut être ramené, par la pensée, à la structure simple d'une glande, d'une vésicule microscopique ; et réciproquement la plus simple des glandes a, par devers elle, tous les éléments nécessaires pour s'élever à la structure laplus compliquée d'un organe, si elle venait à recevoir l'impulsion de ce développement [62]» .

Six ans plus tard dans les prolégomènes à son *Histoire de la Santé et de la maladie*, le savant reviendra sur la notion d'individualité cellulaire, en esquissant une véritable physiologie cellulaire :

« En un mot, toutes ces cellules microscopiques élaborent puisqu'elles appartiennent à un tissu vivant ; elles élaborent les mêmes produits puisqu'elles sont égales et contiguës ; l'organe général, qui recueille ces produits et les transmet à la circulation de l'individu, en est le réservoir commun et le véhicule. Le produit qu'il transmet est donc la somme de tous ces infiniment petits produits[63]».

Cela suffit, semble-t-il, à placer Raspail au rang des précurseurs de la théorie cellulaire. Ce n'est qu'en 1839 que Theodor Schwann[64] publiera sa fameuse monographie intitulée *Recherches microscopiques sur la concordance dans la structure et dans la croissance des animaux et des végétaux*, dans laquelle il établit que la cellule est l'unité élémentaire fondamentale de tous les êtres vivants[65].

Mais Raspail va plus loin encore. Il attribue à la cellule une place centrale dans l'étiologie des maladies :

« La maladie ayant pour point de départ la cellule élémentaire, dont l'organisation et les fonctions microscopiques résument et sous tous les rapports l'organisation générale, rien n'est plus propre à simplifier un travail de classification et de division systématique que de prendre la cellule élémentaire comme base de division [...] Il est donc évident que pour classer les causes capables de porter le trouble dans les fonctions de l'individu, nous n'avons qu'à classer les causes qui sont dans le cas de porter le trouble dans les fonctions de la cellule[66] ».

De la sorte, la conception de Raspail précède d'une quinzaine d'années celle de Rudolf Virchow[67] qui, dans son célèbre ouvrage *Zellullarpathologie*, parue en 1858, soutient que c'est dans la cellule qu'il faut chercher l'explication ultime des processus normaux aussi bien que des maladies.

Le fondateur d'une science nouvelle : l'histochimie

Raspail continue de poursuivre le but qu'il s'est assigné dès le début de ses recherches : asseoir ses études sur l'utilisation de procédés chimiques combinée à l'observation au microscope. Il va s'efforcer de détecter directement dans la cellule vivante les substances qui la composent.

À cette époque, le chimiste travaille encore avec des cornues et des ballons. Certes, la chimie a déjà accompli de grands progrès. Liebig[68] et Berzelius[69]ont réussi à pénétrer la constitution des substances organiques. Ils ont déterminé avec précision la composition élémentaire de nombreux corps. Berzelius a réussi à obtenir des réactions sur de très petites quantités de matériel.

Mais, la recherche des réactions colorées soumises à l'observation au microscope a peu de précurseurs. Malpighi utilisait l'encre pour mieux voir ses préparations microscopiques de ver à soie. Swammerdam[70] employait l'injection de cire fondue pour examiner plus commodément les organes des insectes au microscope.Link[71], en 1807, cherchant à savoir si les vaisseaux des plantes sont ouverts dans les cellules, prenait des petites branches ou des feuilles qu'il supposait contenir de l'acide gallique. Il les trempait dans le sulfate de fer qui, avec l'acide gallique, donne un composé noir. En 1814, Colin[72]et Claubry[73]mettaient en évidence la coloration bleue de l'amidon par l'iode[74]. Mais nul ne songeait alors à se servir du microscope. C'est Raspail qui, en 1824, utilise le premier une réaction colorée spécifique d'une substance et l'examine au microscope. En 1829, il découvre que l'acide sulfurique additionné d'albumine colore le sucre en rouge. En combinant l'acide sulfurique avec le sucre, l'albumine est colorée en rouge. De la sorte, il parvient à déterminer soit la présence de sucre soit celle d'albumine. Il renouvelle l'expérience en combinant l'acide sulfurique avec de l'huile. Il parvient ainsi à distinguer : 1) des substances qui ne se colorent pas en rouge dans l'acide sulfurique, ni en présence de sucre, ni en présence d'huile ou d'albumine et qui, par conséquent, ne renferment aucun de ces trois constituants ; 2) des substances qui se colorent en rouge dans l'acide sulfurique additionné de sucre et qui, par conséquent, renferment de l'huile ou de l'albumine ; 3) des substances qui sont colorées en rouge par le mélange acide sulfurique et d'huile ou d'albumine et, par conséquent, renferment du sucre ; 4) des substances qui se colorent en rouge dans l'acide sulfurique seul et qui, par conséquent, renferment simultanément du sucre, avec de l'huile et de l'albumine[75]. Avec ce procédé, il met par exemple en évidence la présence de sucre dans les ovaires des plantes, des animaux et des femmes.

Dans l'*Essai de chimie microscopique appliqué à la physiologie* publié en 1830, il justifie une fois de plus l'emploi du microscope en recherche :

> « Non, le microscope ne révèle pas un monde nouveau ; il rend abordables des particules trop ténues ; il nous sert à démêler des mélanges trop divisés ; il nous permet de pénétrer plus avant dans les organes ; rendons cet instrument fécond en découvertes, en soumettant les phénomènes dont il nous rend témoins à toutes les réactions, à toutes les contre-épreuves dont les progrès de la science nous ont mis en possession[76] ».

En fustigeant le partage de la science en « compartiments invariables », il se fait l'ardent défenseur de l'interdisciplinarité. Il affirmera à nouveau dans le *Nouveau système de chimie organique* » publié en 1833 :

> « Or la nature n'est chimiste ni botaniste, ni zoologue, ni minéralogiste, ni physiologiste ; elle n'est point partagée en compartiments scientifiques ; elle ne procède point par classifications et par systèmes artificiels ; c'est une cause unique de combinaisons variées [...] Or cette méthode nouvelle [celle utilisée par l'auteur] se résume en ces termes : emprunter à chaque science tout ce qui peut servir à constater un fait, à reconnaitre une loi[77] ».

On comprend dès lors que Raspail ait eu très tôt le désir d'établir un pont entre chimie, physiologie et microscopie. Ce qui l'a conduit à abandonner les procédés connus et à en créer de nouveaux, à tracer des règles nouvelles, car il avait à « travailler sur un laboratoire nouveau[78] ».

Dans le *Nouveau système de chimie organique*, il consacre plusieurs chapitres à l'appareillage, aux formules des réactifs, à leur mode d'emploi ainsi qu'à la description fort minutieuse de chaque détail et de chaque geste de ces longues et délicates observations. Il prodigue ses conseils aux chercheurs désireux de s'engager dans sa voie :

> « Or comme diverses substances organiques se trouvent logées dans des cellules microscopiques, et souvent séparées entre elles par les plus faibles distances, et même par la faible épaisseur de deux membranes accolées sur leurs parois respectives, il sera aussi prompt que facile au moyen des réactions microscopiques, de s'assurer de leur présence ou de leur absence dans le sein de l'organe, de mesurer la région qu'elles occupent, de peindre aux yeux par tout autant de couleurs différentes le topographie du tissu le plus compliqué, comme on colorie une carte de géographie. Nous conseillons à toutes les personnes qui s'adonnent à l'étude de la nouvelle méthode, de se mettre à la recherche des réactions de coloration, dont la liste n'est pas encore

très riche, car ce sont les réactions, dont la physiologie ainsi que la chimie organique peuvent retirer les plus grands avantages[79] ».

Ainsi, Raspail a été l'initiateur d'une science nouvelle que nous appelons aujourd'hui l'histochimie, une discipline féconde, permettant d'accéder à l'étude des phénomènes vitaux. Des simples et rigoureuses techniques du savant sont nées l'histologie végétale et animale, l'anatomie pathologique, l'hématologie.

Au siècle dernier, l'éminent professeur anglais Antony Guy Emerson Pearse[80], auteur d'un traité d'histochimie fondamental, a salué Raspail comme le pionnier de cette science : « Raspail, souligne-t-il, découvrit et appliqua beaucoup d'autres réactions histochimiques qui ont encore leur importance de nos jours. Raspail fut le réel fondateur de l'histochimie. ». Et pour marquer son admiration pour les travaux du savant français, Pearse fait figurer le portrait de Raspail sur le frontispice de l'ouvrage.

La communauté scientifique a été unanime à lui rendre hommage. Le premier congrès international d'histochimie et de cytochimie[81], qui s'est tenu à Paris en août septembre 1960, s'est ouvert sous l'égide de Raspail, reconnu par tous les scientifiques comme le fondateur de ces disciplines.

De la microchimie à la cristallographie

Raspail, fidèle à l'approche qu'il a adoptée dès le début de ses recherches sur les plantes, aborde l'étude des sels au microscope[82]. Avant lui seul Ledermüller[83], dans son ouvrage intitulé *Amusements microscopiques tant pour l'esprit que pour les yeux*, publié de 1764 à 1758, avait dessiné un certain nombre de cristallisations de sels observées au microscope.

L'auteur du *Nouveau système de chimie organique* définit avec toute la précision désirable la méthode qu'il utilise :

> « On tâchera d'obtenir, par les procédés en grand, la substance à l'état de la plus grande pureté possible [...] On constera ensuite les résultats de l'action des réactifs sur le corps à observer, et cela en recourant à la voie humide et ensuite à la dessication ; on dessinera les nouvelles formes qui résulteront de cette réaction, et on mesurera les angles des formes cristallines, dont on cherchera à constater la nature par de nouvelles réactions, par une nouvelle contre-épreuve[84] ».

Ailleurs, il déclare encore qu'on doit procéder à l'étude microscopique des sels « de deux manières qu'il faut faire toujours marcher de front, et comme contre-épreuves l'une de l'autre ; par précipitation et par évaporation. Par évaporation, on obtient des cristallisations qui permettent de déterminer les formes au goniomètre microscopique et de faire agir les réactifs en connaissance de cause[85] ».

C'est ainsi que Raspail s'applique à caractériser le carbonate de chaux retiré du suc de *Chara*, une algue d'eau douce. Il remarque que les cristaux isolés, traités sous le microscope par un acide quelconque, font effervescence, et que l'action de l'acide sulfurique « détermine la formation d'un grand nombre d'aiguilles quelquefois rayonnantes ». Pour reconnaitre la nature de la base, ajoute-t-il, on peut employer l'acide tartrique qui précipite la chaux en magnifiques cristaux différents de ceux que l'acide tartrique détermine dans la potasse.

Par des moyens analogues, le savant identifie les chlorures de sodium, de potassium et d'ammonium puis le tartrate de potasse[86].

L'ensemble des procédés que Raspail utilise pour analyser de très petites quantités de substances chimiques constitue ce qu'on désigne actuellement sous le terme de microchimie. Il en définit lui-même l'objet :

« Mais pour atteindre ce but, il est nécessaire de se livrer à l'étude des sels, d'après la nouvelle méthode, d'étudier au microscope leur cristallisation, leurs analogies et leurs réactions[87] ».

Certes les techniques de la microchimie ont considérablement évolué depuis ces recommandations. Il reste que, dans ce domaine également, Raspail s'impose comme un précurseur incontournable.

Chapitre IV

L'opposant à la monarchie de juillet

Peu de mois après le remplacement du ministère modéré, présidé par le vicomte de Martignac[1], par le ministère de Jules de Polignac[2], la gauche libérale, majoritaire à la Chambre, rédige, le 16 mars 1830, une adresse à Charles X signée par deux cent vingt et un députés sur quatre cent deux, signifiant au roi leur défiance à l'égard du nouveau gouvernement.

La réaction du souverain est sans surprise. Il procède à la dissolution de la Chambre le 16 mai 1830, et annonce de nouvelles élections. Deux membres du gouvernement opposés à la dissolution démissionnent et sont remplacés par Guillaume-Isidore de Montbel[3] aux Finances et Pierre-Denis de Peyronnet[4], à l'Intérieur.

En juin et juillet, Peyronnet et Polignac multiplient les interventions. Ils font notamment ajourner les élections dans vingt départements, exaspérant les mécontentements. Pour leur part, les libéraux, autour de leurs journaux d'opinions et sociétés politiques comme *Aide-toi, le ciel t'aidera*, alors dirigée par Odilon Barrot5, mènent une campagne active.

Les élections, qui ont lieu du 23 juin au 19 juillet, donnent une majorité renforcée à l'opposition libérale. Les deux cent vingt et un députés se retrouvent deux cent soixante-quatorze, les ultras cent quarante-cinq. L'échec est cuisant pour Polignac et particulièrement pour Charles X. Le blocage constitutionnel devient évident. Le roi tente alors l'épreuve de force, manifestant clairement sa défiance envers le choix fait par les électeurs.

Le 25 juillet, il signe au château de Saint-Cloud les ordonnances qui sont publiées le lendemain 26 juillet dans le journal *Le Moniteur universel.* Ces ordonnances, au nombre de quatre, suspendent la liberté de la presse, dissolvent les chambres, convoquent les collèges électoraux en changeant de mode d'élection et procèdent à des nominations au Conseil d'État au profit d'ultras connus.

Les opposants au régime jugent qu'elles ne sont pas conformes à la Charte constitutionnelle de 1814. En réaction, quarante-quatre journalistes emmenés par Adolphe Thiers[6] publient le lendemain, dans les journaux *Le National*, *Le Globe* et *Le Temps*, un article de protestation qui met le feu aux poudres. Pendant trois jours, un mouvement de foule de plusieurs dizaines de milliers de personnes se transforme rapidement en révolution : des barricades sont érigées lors des 27, 28 et 29 juillet, des journées restées dans l'histoire sous le nom des «Trois Glorieuses », qui marquent la chute de la dynastie des Bourbons.

L'insurgé

Raspail, qui déteste la monarchie et les Bourbons, ne peut rester insensible à la fièvre qui gagne la capitale. De la mansarde qu'il occupe maintenant 168 rue Saint-Jacques, il peut assister aux manifestations des étudiants qui enflent d'heure en heure.

Le mardi 27, n'y tenant plus, il abandonne la chimie et le microscope pour se rendre depuis le Panthéon jusqu'au Palais-Royal où, comme à la Place Vendôme et à la Place du Carrousel, quelques attroupements se sont formés depuis la veille. On crie : « Vive la Charte ! À bas les ministres ! À bas Polignac ».

Le préfet de police ayant ordonné la saisie des presses des journaux qui ont publié la protestation des journalistes, de vives échauffourées ont lieu entre la police et les ouvriers typographes, qui redoutent de perdre leur emploi. Beaucoup de boutiques ferment, mettant sur le pavé leurs employés.

Le maréchal Marmont[7] est chargé de rétablir l'ordre. Il s'installe aux Tuileries, met en place son dispositif, faisant occuper sans difficultés notables les places et les grands carrefours. Il entreprend de disperser les attroupements autour de la place du Palais-Royal où les premiers groupes d'émeutiers ont commencé à se heurter à la police et à la gendarmerie. La troupe tire, faisant les premières victimes.

Dans la soirée, des armes apparaissent dans la foule. Pour en avoir davantage, on pille les boutiques des armuriers dont celle du célèbre arquebusier Le Page, située rue de Richelieu, à proximité du Palais-Royal.

Plusieurs détachements de la Garde et de la ligne se succèdent sur la place de la Bourse, où s'est amassée une foule qui réclame vengeance pour la mort d'un homme tué près du Palais-Royal. Il y a des pierres lancées, mais on ne tire ni d'un côté ni de l'autre. Vers 22h 30, l'agitation est retombée.

Tout bascule dans la nuit du 27 au 28. Au petit matin du mercredi, une foule d'étudiants, d'ouvriers, de gardes nationaux, d'anciens militaires parcourt les rues en criant : « Vive la Charte ! À bas les ministres ! À bas les Bourbons ! ». Les quartiers populaires de l'est et du centre parisien se hérissent de barricades.

Raspail et Saigey, qui est arrivé rue Saint-Jacques sur les 7 heures, décident de s'armer de fusils et de cartouches pour se rendre à l'École polytechnique. Les portes de celle-ci sont déjà enfoncées et les élèves se sont répandus dans la ville. Les deux amis s'accordent avec quelques-uns, dont le jeune Vaneau[8], pour se rendre compte sur place de la situation.

Dès le début de la matinée, les émeutiers se rendent maîtres de l'Hôtel de Ville, au sommet duquel ils hissent le drapeau tricolore, ainsi que sur les tours de Notre-Dame, provoquant une intense émotion dans la population parisienne. Durant la journée, les troupes gouvernementales se heurtent vivement aux insurgés dans divers points de la capitale. Mais, en fin de soirée, l'avantage reste à ces derniers.

Sur le plan politique, les démarches entreprises par les parlementaires auprès du roi pour obtenir le retrait des ordonnances échouent. Charles X, qui n'a pas pris la mesure des évènements, ne veut faire aucune concession. En conséquence, à la surprise générale, le député de Troyes, Casimir Périer[9], jusqu'alors plutôt modéré, prend fait et cause pour le mouvement populaire, et Lafayette se prononce pour l'instauration d'un gouvernement provisoire.

L'échec de l'offensive des troupes royales la veille renforce l'insurrection. Le matin du 29, une forte colonne d'étudiants républicains et de polytechniciens en uniforme se forme près du Panthéon. Raspail, tôt levé, se rend à l'École polytechnique, en compagnie de Saigey. Ils apprennent que mille cinq cent à deux mille suisses sont retranchés dans la caserne de la rue de Babylone. Ils se joignent aux assaillants qui ont décidé de la prendre d'assaut. Le combat est sanglant. Le petit Vaneau, qui commande une charge, est tué en plein élan. Devant la résistance acharnée des Suisses, les combattants prennent le parti de mettre le feu à la caserne pour en déloger les occupants. C'est au cours de cette manœuvre que Raspail est blessé au-dessus de l'arcade sourcilière. Il saigne abondamment et perd connaissance. Il apprendra par la suite qu'il a été soigné chez un pharmacien et ramené dans son appartement de la rue Saint-Jacques. L'après-midi se termine par la débandade des troupes royales et la prise des Tuileries.

Pendant ce temps, les tractations politiques se poursuivent. La Fayette accepte de prendre le commandement de la Garde nationale qui vient de se reconstituer. Une Commission municipale, chargée d'administrer la capitale, est créée. Lafayette et la Commission s'installent au milieu de l'après-midi à l'Hôtel de Ville.

Dans la nuit du 29, Laffitte[10] réunit chez lui les trois rédacteurs du *National :* Adolphe Thiers, Mignet[11], Carrel[12]. Pour éviter l'instauration d'une régence en même temps que la proclamation du petit-fils de Charles X, le duc de Bordeaux, sous le nom de Henri V, les quatre hommes décident de désigner sans attendre le duc d'Orléans comme successeur. Thiers et Mignet rédigent aussitôt un texte qui est imprimé sous forme d'affiche dans les ateliers du *National* et placardé partout dans Paris.

Le 30 juillet, quand Raspail se présente devant une barricade avec son fusil et ses pistolets, il est affecté, avec Saigey, à la première pièce de la quatrième batterie du régiment d'artillerie de la garde nationale, chargée de surveiller les dépôts de munitions et de vivres. Les combats ont cessé. L'insurgé a alors le loisir de redécouvrir la fraternité avec quatre de ces Suisses auxquels il s'était violemment opposé la veille.

La situation politique évolue rapidement. À l'Hôtel de Ville, Lafayette se rallie à la solution du duc d'Orléans. Réunis au palais Bourbon, les députés, par 47 voix contre 3, décident d'offrir la lieutenance-générale du royaume au duc d'Orléans. Ce n'est que vers huit heures du soir que celui-ci décide d'accepter la résolution des députés.

Le lendemain, Louis-Philippe quitte le Palais-Royal pour se rendre à l'Hôtel de Ville. Face à la foule massée sur la place de Grève, l'accolade qu'il reçoit de Lafayette au balcon de l'édifice assoit définitivement sa légitimité. La révolution est escamotée par la bourgeoisie libérale. Raspail, désenchanté, écrira plus tard :

> « Trois jours de dévouement et d'un combat corps à corps ; et le lendemain la paix et la réconciliation partout, dans le château comme dans la chaumière ; c'est à ne pas

le croire, si l'on ne le croyait de ses propres yeux [...] Mais ce beau rêve de trente-trois millions d'hommes de bien ne durera que l'espace d'un rêve ; demain le peuple redeviendra peuple, le seigneur redeviendra seigneur, l'autorité reprendra ses us et coutumes, et l'humanité reculera encore d'un pas. La révolution de 1830 est arrivée quinze ans trop tard et quinze ans trop tôt[13] ».

Le 1er août, le lieutenant général remanie l'équipe de ministres provisoires nommés par la Commission municipale. Il n'est pas encore le » roi des Français », mais il assume désormais la direction du pays.

Le temps des désillusions

Ce même jour, Raspail écrit au gouvernement provisoire, se réclamant de ses fonctions de garde national et de rédacteur principal des *Annales des sciences d'observation*, « non point pour mendier les honneurs ou du pain, mais pour demande du travail à la Patrie » pour laquelle il a combattu « pendant ces trois journées qui valent trois siècles à la civilisation ». Il ne demande pas une faveur, il ne fait que réclamer son dû. Il n'est pas seul de son espèce. Dès l'avènement de Louis-Philippe, une nuée de solliciteurs s'est manifestée auprès des autorités.

Des raisons politiques mais aussi personnelles contraignent Raspail à effectuer cette démarche. Sa situation financière s'est considérablement dégradée. Au cours de l'été 1830, il perd le procès qu'il a intenté à Beaudoin, l'imprimeur des *Annales des sciences d'observation*. L'aventure de la revue tourne court. Il est ruiné, « endetté de 1200 francs de frais par la justice » et abandonné par son frère Joseph qui refuse tout nouveau prêt.

N'ayant pas obtenu de réponse à sa lettre au gouvernement, il s'est résolu à renouveler sa requête auprès des pouvoirs publics. Le 14 août, il écrit au ministre de l'Instruction publique, le duc de Broglie[14] pour solliciter une place de professeur à l'École normale. C'est peine perdue : il n'obtient seulement qu'un accusé de réception. Il décide alors de s'adresser à la plus haute instance de l'état. Le 19 août, il envoie une lettre à Louis-Philippe, devenu depuis peu roi des Français.

Dans cette missive, Raspail, après les compliments d'usage, vilipende les membres pressentis pour siéger au conseil royal de l'Instruction publique. Ses attaques visent nommément Cuvier, le mathématicien Poisson[15], Thénard[16] et plus largement la famille Brongniart[17] « dont le nom à l'Institut est devenu le synonyme de coterie ». Il demande au souverain d'ordonner « un concours dans lequel on puisse soumettre, à une discussion approfondie, la moralité et la capacité des candidats à ces hautes places ». Il termine sa lettre en assurant le souverain de son « dévouement sans bornes », ce qui est plutôt inattendu de la part d'un républicain comme Raspail.

L'auteur de l'*Essai de chimie microscopique* croit naïvement que la révolution de juillet va fournir l'occasion de modifier profondément la composition de l'Académie des sciences et que Cuvier, qu'il exècre particulièrement, sera mis à la retraite. Aussi continue-t-il à multiplier les courriers. Le 23 août, il adresse à nouveau une lettre au duc de Broglie dans laquelle il s'élève contre le « despotisme et les erreurs de savants à cumul », et le lendemain une seconde missive où il renouvelle sa candidature et celle de Saigey. Le 16 septembre, il plaide encore sa cause, sans résultat.

Fin septembre, il obtient un rendez-vous avec un membre du ministère de l'intérieur, Hyppolite Royer-Collard[18], qui évoque la possibilité de lui confier le poste de conservateur général du cabinet d'histoire naturelle. Mais, Raspail assortit son acceptation de conditions précises : ouverture des collections aux chercheurs, constitution d'un catalogue complet, nationalisation du Muséum. Le projet n'aura pas de suite. Raspail soupçonnera Cuvier et Brongniart d'avoir fait obstacle à sa candidature. C'est plus probablement Guizot[19], alors ministre de l'intérieur, qui ne devait pas nourrir une profonde sympathie pour l'agitateur Raspail, qui a bloqué sa nomination.

N'ayant toujours pas de nouvelle de sa candidature à un poste de professeur à l'école normale, le 8 décembre, dans une lettre au nouveau ministre de l'Instruction publique, Merilhou[20], il fait part de son indignation : « Nous en serions réduits, écrit-il, pour prix à notre inébranlable patriotisme à n'avoir pas même du pain pour nos enfants ».

Au lendemain de la révolution de juillet, Raspail mettait encore tous ses espoirs dans le nouveau régime, comme il le rappellera plus tard dans l'une des lettres sur les prisons :

> « Si un roi seul peut te préserver des maux qui menacent ton peuple devenu trop tôt libre ; si lui seul est en état de résumer, en moins de temps et en moins de mots, la volonté nationale ; vive la nation ; mais aussi vive le roi ! Je quitte la rue, j'abdique mon veto et je retourne, satisfait et tranquille, à ces études chéries, que la défense des libertés publiques est seule dans le cas de me faire déserter[21] ».

Mais, le roi et ses ministres restant sourds à ses sollicitations, les préventions de Raspail envers le pouvoir ne tardent pas à resurgir. La déception qu'il ressent à l'égard de la monarchie de juillet est à la mesure de celle du peuple. Le 21 décembre, le jugement des ministres en fonction sous Charles X provoque un soulèvement. Les accusés sont condamnés à une peine d'emprisonnement, alors que le peuple souhaite leur exécution.

Raspail, en tant que brigadier de la garde nationale, se retrouve au cœur de la manifestation qui s'ensuit. Mais, la foule amassée aux abords du Louvre, prise de panique au cri de » Sauve qui peut », reflue d'un seul coup. Alors que le gouverneur du château est interpelé par un émeutier, Raspail en profite pour s'esquiver[22].

Notre héros poursuit néanmoins ses activités militantes. Le 14 février 1831, jour anniversaire de la mort du duc de Berry, il s'associe à la colère populaire qui dégénère rapidement en émeute anticléricale. Les manifestants s'en prennent à l'église de Saint-Germain-L'auxerrois où est célébré un service à la mémoire du défunt. Le lendemain, ils décrochent la croix de Notre-Dame puis celle du Panthéon, détruisant le pavillon de l'archevêché, situé sur le flanc du monument[23].

L'insurrection polonaise

Le royaume de Pologne s'est soulevé contre le tsar Nicolas Ier, roi de Pologne, et contre les abus de la tutelle russe. L'insurrection a commencé le 29 novembre 1830 et se terminera par la chute de Varsovie en septembre 1831, après une guerre de huit mois opposant l'armée russe à l'armée du royaume.

La *Société des amis du peuple* prend part aux manifestations en faveur du soutien aux Polonais qui sont déclenchées à Paris, à l'annonce de l'insurrection. Des comités de soutien sont fondés. Le 23 janvier 1831, peu après que la diète polonaise ait déchu le tsar Nicolas Ier de son titre de roi de Pologne, le général La Fayette crée le Comité central français en faveur des Polonais, qui sera présent à Paris comme dans plusieurs villes de province. La Fayette en est le président et Charles de Lasteyrie[24] le vice-président. Casimir Delavigne[25], auteur en 1830 de *La Parisienne*, écrit en l'honneur des insurgés *La Varsovienne*, chantée en public le 1er mars 1831.

Raspail participe à l'élan de solidarité suscité par la révolte polonaise. Le 10 mars, raconte-t-il, une nouvelle court à travers Paris : « Varsovie n'est plus ; Varsovie, l'immortelle vient de s'ensevelir sous ses lauriers ». Les parisiens se mobilisent aussitôt. Raspail prend la tête d'un cortège qui se rend à l'hôtel de Lafayette. Les manifestants rencontrent le général qui prend l'engagement de venger les insurgés. Puis ils arrivent à la porte de l'ambassade de Russie, défendue par les gardes nationaux, criant « Vive la Pologne ». Poursuivant leur chemin, ils passent devant la Chambre des députés, « dans le silence et la consternation » et arrivent à l'école polytechnique où ils rapportent les paroles de Lafayette. À la fin de la journée, ils font le serment sur la tombe des victimes de juillet que, si l'information sur la chute de Varsovie se confirmait, « chaque enfant de Paris deviendrait soldat pour la Pologne [26] ».

Le lendemain, la capitale apprend que l'agonie de Varsovie n'est pas terminée : elle se poursuivra durant de longs mois. Quand Raspail apprendra la chute de la capitale polonaise en septembre 1831, il laissera éclater sa colère mêlée à une profonde émotion :

> « Malheur ! trois fois malheur à la cause de la régénération humaine ! La nouvelle, cette fois, n'est que trop vraie ! un noble peuple a succombé dans la lutte ! sa nationalité vient d'être effacée de la carte occidentale, dont elle fut, dix siècles durant, le plus glorieux rempart ! [27] ».

En 1839, dans un ouvrage intitulé *De la Pologne sur les bords de la Vistule*, il reviendra sur les causes de l'échec du soulèvement de 1830-1831. Pour lui, il est dû essentiellement à la faiblesse de la noblesse polonaise qui, par crainte d'une révolution sociale, a préféré une inutile négociation à une lutte à outrance. Ce n'est que par une réforme agraire supprimant le servage, assure-t-il, que la Pologne retrouvera force et vitalité.

Le refus de la légion d'honneur

Quelques jours après ces évènements, Raspail reçoit une lettre sous enveloppe et au cachet du ministère de l'intérieur. Sur le moment, il pense aux poursuites judiciaires engagées contre lui, en raison de la lettre qu'il a publiée dans *La Tribune* le 18 février.

En effet, suite à une missive, où Raspail s'élevait contre l'intention du Général Lobau[28] de fondre l'artillerie de la garde nationale dans la garde à pied, une instruction judiciaire a été ouverte contre lui pour « excitation à la haine et au mépris du gouvernement du roi, injures et diffamations envers la garde nationale à l'occasion de ses fonctions ». Il a été cité à comparaitre devant le juge d'instruction le 1er mars.

Il s'attend donc à une assignation devant la Cour d'assises. Toutefois, ce n'est pas au tribunal mais à la Chancellerie qu'il doit se rendre. La lettre lui apprend que, par ordonnance en date du 12 mars 1831, le roi, sur la proposition de Montalivet[29], ministre de l'intérieur, l'a nommé chevalier de la Légion d'honneur.

Le 17 mars, Raspail fait paraitre dans *La Tribune* la lettre qu'il adresse au ministre, pour le prier de rapporter cette ordonnance :

> « Depuis la restauration, écrit-t-il, on l'a prodiguée à tant de bureaucrates, qui ont tout fait contre nos libertés, qu'en l'acceptant, je semblerais insulter à la situation de mes camarades de juillet.
>
> La seule décoration à laquelle mes opinions essentiellement républicaines me permettent de prétendre, c'est la décoration spéciale des trois journées ».

Quelque temps après, le pouvoir effectue une nouvelle tentative de séduction. Les deux filles du ministre Montalivet sont envoyées auprès de la compagne de Raspail, à nouveau enceinte, pour lui offrir une layette. Perspicace, Adélaïde refuse sur le champ ce cadeau qui pourrait compromettre le père de ses enfants.

Louis-Philippe, désireux de rallier cet opposant irréductible, ne se tient pas pour battu. Il lui décerne la médaille de juillet par une ordonnance du 30 avril. Cette fois, Raspail accepte la décoration qu'il juge plus compatible avec ses opinions républicaines.

Pourtant, le 10 mai, il est condamné par la Cour d'assises de Paris à trois mois de prison et à trois cents francs d'amende dans le procès intenté contre lui pour diffamation de la garde nationale. « À la même heure, déplorera-t-il, j'étais couronné d'un côté et frappé de l'autre ».

Trois jours avant, Raspail avait eu la joie d'assister à la naissance de son troisième fils, Emile.

Le procès des quinze

En mars 1831, Raspail est élu président de la *Société des Amis du peuple,* qui est née le 30 juillet 1830, dans la foulée des Trois Glorieuses[30]. Son premier président a été Jean-Louis Hubert, un ancien notaire de Paris. Le docteur Ulysse Prélat[31], qui deviendra ministre en 1848, l'a présidée dans les derniers jours de 1830. La société se réunit au manège Pellier, rue Montmartre. Elle est composée d'anciens carbonari, d'étudiants, de journalistes, d'avocats, de médecins et, au sens le plus large, d'hommes de lettres. L'élément ouvrier y est quasi inexistant.

C'est sous l'influence de Raspail que sont élaborés de nombreux projets dont beaucoup ne verront pas le jour. Le droit à l'instruction est une des revendications de la *Société*. Elle propose de créer des écoles pour les adultes ainsi que des écoles pour les enfants où seraient enseignés le chant, la grammaire, l'arithmétique, l'écriture, l'histoire et l'hygiène. Le monopole de l'enseignement empêchera la réalisation de ce projet.

Raspail, pour sa part, ouvre pour les étudiants un cours gratuit de chimie organique, Il fait également adopter une proposition qui, pour des raisons matérielles, n'aura jamais de suite. Il y définit les obligations des sociétaires :

> « Chaque membre [de la Société], stipule-t-il, a pris rengagement de prendre sous son protectorat cinq ou six familles pauvres ou peu aisées dont il se constituera l'avocat dans la poursuite de leurs droits matériels et le précepteur dans l'éducation ou la surveillance des enfants en bas âge ; il se chargera du soin de procurer de l'ouvrage à leur bonne volonté, des débouchés à leurs produits, des remèdes à leurs maux physiques, des consolations à leurs souffrances morales[32] ».

De fin juin 1831 à décembre 1831, la *Société des Amis du Peuple* fait paraître treize brochures dans lesquelles l'actualité est commentée et les grands principes de la *Société* exposés. Mais les saisies sont fréquentes.

Le 9 juillet 1831, à cinq heures du matin, la famille Raspail est réveillée en sursaut par un quarteron de sergents de ville qui tambourinent à la porte. Les agents de la force publique présentent à Raspail un mandat de perquisition délivré par le juge d'instruction sur réquisition du ministère public pour avoir « par la publication de quelques feuilles de son journal manifesté une tendance à détruire et à changer le gouvernement ».

Après avoir mis l'appartement sens dessus dessous et fait main basse sur une quarantaine de pièces dont son cours de chimie organique, les argousins le jettent dans un fiacre pour le conduire à la préfecture de police. À la même heure, Blanqui et Thouret[33] sont arrêtés.

Arrivé à destination, Raspail comparait, le lendemain matin, devant le juge d'instruction. Au bout de vingt-quatre heures, il est transféré, dans la soirée, à la prison de Sainte-Pélagie, non loin de son cher Muséum d'histoire naturelle. Il va y rester jusqu'au 8 novembre.

Durant son séjour carcéral, il rencontre le jeune et remarquable mathématicien Evariste Galois[34], emprisonné aussi à Sainte-Pélagie. « Il me témoignait, dira-t-il, l'affection d'un fils ». Il ne reste pas inactif. Il rédige le *Cours élémentaire d'agriculture et d'économie rurale à l'usage des écoles primaires* qui paraitra en 1832 chez Hachette. On y trouve la première idée des Comices agricoles. C'est également pendant sa captivité qu'il prépare la première édition en un volume du *Nouveau système de chimie organique fondé sur de nouvelles méthodes d'observation*, un condensé d'une partie des travaux qu'il a produits de 1824 à 1830.

C'est à Versailles que Raspail apprend la chute de Varsovie. À sa sortie de prison, il retrouve sa famille qui a déménagé entre temps, et habite maintenant 4, rue d'Ulm. Sitôt libéré, il reprend en main la *Société des Amis du peuple.* En décembre 1831, ses membres publient un texte où ils affirment leur soutien inconditionnel aux canuts[35] de Lyon dont l'insurrection a été écrasée le 5 décembre.

Le procès des quinze leaders des *Amis du peuple* - de là le nom de *Procès des Quinze* - prévu pour le 10 décembre 1831 puis reporté, s'ouvre enfin le 10 janvier 1832 devant la Cour d'assises de la Seine. Parmi les prévenus, à côté de Raspail, se trouvent, entre autres, Auguste Blanqui, Jean-Louis Hubert, Henry Bonnias[36], Anthony Thouret et Ulysse Trélat. Raspail présente sa propre défense en ces termes :

> « Monsieur le Président, vous avez le droit de me condamner mais non celui de m'interrompre. Vous présidez ici aux funérailles de notre liberté ». Et plus loin, « La Société des Amis du peuple naquit des barricades [...] elle est composée de gens qui ont lutté quinze ans contre la Restauration ».

Il en profite pour exposer son programme de républicain social : nomination du pouvoir exécutif par des représentants du peuple, durée du mandat limitée, abolition des cumuls et des sinécures, indépendance de la justice, liberté de la presse, garantie des libertés individuelles, abolition de la peine de mort, réforme pénitentiaire, fixation d'un salaire minimum, établissement de l'impôt progressif, liberté de l'enseignement.

Au terme de trois jours de procès, le 12 au soir, impressionné par la magistrale défense de Raspail, le jury prononce l'acquittement et la mise en liberté immédiate des accusés. Mais, le ministère public ne l'entend pas ainsi : Bonnias et Raspail sont condamnés à quinze mois de prison et Blanqui à un an. *La Société* est dissoute par les autorités, mais elle fonctionnera encore dans la clandestinité en 1833.

Le procès connait un grand retentissement. La presse, dont *Le Temps*, *Le National, Le Mouvement, La Tribune*, rapporte fidèlement le déroulement des débats qui ont été souvent houleux. La Société enregistre de nouvelles adhésions.

Raspail a fait appel, mais ne reste pas libre longtemps. Dès le 27 février 1832, le jour même où le pourvoi a été rejeté par la Cours de cassation, il est ramené à Sainte-Pélagie, puis, quelque temps après, transféré à la prison de Versailles où il purge sa peine. Il emmène avec lui ses livres et ses instruments de chimie. Il est autorisé à recevoir sa famille qui a loué un appartement en face de la prison.

Mais des évènements inattendus viennent perturber sa vie quotidienne. L'épidémie de choléra s'abat sur Paris en avril. Elle fera plus de dix-huit mille morts dont Casimir Périer. La contagion gagne dans la capitale, suscitant une profonde inquiétude parmi les détenus. Il s'ensuit des mouvements divers qui amènent l'administration pénitentiaire à suspendre le droit de visite. Les protestations de Raspail lui valent d'être transféré durant quelques jours à la Force[37] où les conditions de détention sont beaucoup plus dures. Au terme de son incarcération, il est reconduit à la prison de Versailles.

Le général Lamarque[38] est, à son tour, emporté par l'épidémie. Les sociétés républicaines voient l'occasion dans ses obsèques prévues le 5 juin d'organiser une grande manifestation. Raspail, consulté par Cavaignac[39] qui lui a succédé à la tête de la *Société des Amis du peuple*, recommande de se joindre au mouvement au cas où éclaterait une véritable émeute. Le jour des obsèques, l'affrontement se produit entre les ouvriers et les forces de l'ordre disposées le long du parcours du convoi funèbre. L'insurrection dure deux jours au terme desquels elle est impitoyablement réprimée autour du cloître Saint-Merri.

Le 11 juin, le roi devant passer en revue des troupes non loin de la prison, Raspail, Bonnias et Blanqui sont transférés de Versailles à Paris. Quelques jours plus tard, ils sont ramenés à Versailles. Grâce à l'intervention du chansonnier Béranger, Raspail obtient une cellule individuelle. Disposant de ses livres, de son matériel de chimie, recevant tout à loisir sa famille installée à Versailles, il semble s'accommoder au mieux de ses conditions de détention jusqu'à la fin de sa peine.

Raspail est libéré le 20 mai 1833. Il emmène toute sa famille vivre à Epinay-sur-Seine au nord de Paris. Il n'échappe pas pour autant à la surveillance de la police qui voit en lui un opposant irréductible.

Le procès des vingt-sept

Le pouvoir a raison de rester vigilant. Dès sa sortie de prison, Raspail adhère à la *Société des droits de l'homme*. Formée dès 1830, cette dernière s'est développée à partir de 1832 à la suite du déclin de la *Société des amis du peuple*.

Les étudiants formaient au départ la majorité des membres de la Société, mais rapidement ce sont les ouvriers qui sont devenus majoritaires. À l'origine, l'association regroupait des républicains modérés et extrémistes. Mais très vite, les extrémistes l'ont emporté. Ces derniers veulent notamment manifester lors de la revue de la garde nationale le 28 juillet.

La veille de la date prévue, Raspail désavoue cette initiative dans un article publié dans *La Tribune :* « la Société, écrit-il, ne soumet aucun [membre] d'entre eux aux formes de la conspiration ». Son appel n'est pas entendu.

Au jour dit, quelques membres de l'association sont arrêtés, alors qu'ils sont armés et qu'ils détiennent des lettres signées de la main de Raspail. Cela suffit au pouvoir pour dénoncer une conspiration et pour préparer le procès d'assises de vingt-sept membres de la *Société* dont Raspail sera, bien malgré lui, l'un des accusés.

En attendant le procès prévu en décembre, il assiste aux réunions de *l'Association en faveur de la défense de la presse patriote*, dont il est également membre. Cette société, présidée par Charles de Lasteyrie[40], a été créée pour défendre les journaux républicains qui sont devenus la cible du régime. En effet, depuis octobre 1832, Thiers, ministre de l'intérieur dans le nouveau gouvernement présidé par le maréchal Soult[41], a intenté de très nombreux procès contre la presse et les sociétés secrètes.

Le 23 août, Raspail se rend à l'une des réunions de l'*Association.* Alors que Lafayette est absent, il est amené à présider les débats en lieu et place de Cabet[42]. Il clôt la séance en prononçant un long discours où il développe sa vision d'une nouvelle société et les moyens d'y parvenir. Au-delà de certains objectifs qui pourraient paraitre révolutionnaires au pouvoir, ce qui ressort de l'allocution de Raspail, c'est la modération avec laquelle il préconise d'instaurer une nouvelle politique : « On n'améliore pas en bouleversant, déclare-t-il, mais en modifiant, et les modifications sont lentes et successives ». Raspail se présente ainsi davantage comme un réformiste que comme un révolutionnaire. Pourtant, il est arrêté séance tenante pour avoir énoncé « des principes subversifs de l'ordre établi ». Il est renvoyé à Sainte-Pélagie, avec pour seul réconfort d'avoir près de lui sa famille installée comme à l'accoutumé dans un logement en face de la prison.

Le 14 novembre, Raspail, qui comparait devant la Cour d'assises de Paris, parvient à convaincre les jurés de la modération des propos qu'il a tenus lors de la réunion du 23 août. Il est acquitté, mais il ne recouvre pas la liberté pour autant. Il est reconduit à Sainte-Pélagie, dans l'attente du procès des vingt-sept membres de la *Société des droits de l'homme et du citoyen.*

Ce procès, dit des Vingt-Sept[43], vient devant la Cour d'assise le 11 décembre, il se prolonge jusqu'au 22. Il attire un très grand nombre de curieux et d'amis des accusés. Plus de cent témoins sont appelés à la requête du ministère public.

Avec sa formidable éloquence, Raspail, sans pour autant renoncer à ses principes, parvient à s'attirer la bienveillance des jurés, en rappelant les termes exacts de son article paru le 27 juillet dans *La Tribune* dans lequel il a désavoué l'initiative des républicains extrémistes, et aussi en prenant soin de se démarquer des révolutionnaires de 93, perçus par l'ordre établi comme de véritables épouvantails :

> « Entendez-vous bien ?, s'exclame-t-il, Nous sommes, nous, une génération nouvelle par rapport à 93 ; il nous faut des hommes nouveaux ; et ce n'est pas en nous habillant en Robespierre, en Saint-Just, ce n'est pas en nous distribuant les rôles du drame terrible de leur époque, que nous avons la prétention de travailler à la régénération de la société, Laissez-là tous ces anachronismes ridicules que votre mauvaise foi se plaît à nous faire commettre[44] ».

Le jury répond non aux cinquante-cinq questions qui lui sont posées. L'avocat général renonce aux poursuites contre Raspail. Son double acquittement démontre autant l'inanité des poursuites dirigées contre lui que la violence des agents du pouvoir contre un opposant irréductible au régime. Cependant, le prévenu, qui n'a pas payé toutes les amendes relatives à ses démêlés judiciaires, restera en prison jusqu'au 24 février 1834. Ainsi, entre juillet 1831 et février 1834, Raspail a été enfermé quelques trente mois dans les prisons de Sainte-Pélagie, de la Force ou de Versailles.

Raspail et le Prix Montyon

L'année 1833, marquée par les affaires judiciaires, apporte à Raspail la satisfaction d'être reconnu pour son œuvre scientifique et, en même temps, d'éprouver une fois de plus la rigueur du pouvoir.

À peine est-il sorti de prison en mai 1833, que l'Académie des sciences le juge digne de recevoir le prix Montyon[45] de dix mille francs, destiné à récompenser l'ouvrage scientifique le plus utile à l'humanité.

Le 5 juillet 1833, le secrétaire de l'Académie, Etienne Geoffroy Saint-Hilaire, adresse à Raspail une lettre dans laquelle il affirme que ses recherches microscopiques ont eu sur lui « une influence de gratitude et de haute estime pour leur auteur ». Il pense qu'une « récompense solennelle sur la fortune laissée à la science par le philanthrope Monthyon » lui est due et l'assure qu'il s'en est ouvert auprès de ses « collègues intimes ». En terminant sa lettre, Geoffroy Saint-Hilaire reconnait qu'il aurait été plus élégant qu'il agisse à l'insu de l'intéressé. « Mais, recommande-t-il, si vous répondez en des termes que je puisse faire valoir vis-à-vis de certains esprits revêches, vous servez mon plan de conduite[46] ».

Raspail répond à Saint-Hilaire le 9 juillet. Dans sa missive, il témoigne en premier lieu de sa reconnaissance, sans s'empêcher toutefois de rappeler ironiquement le comportement que l'Académie avait eu à son égard par le passé : « Avouez qu'en 1826, le président de l'Académie des sciences ne me traitait pas avec ce bon vouloir ».

Mais le ton change très vite. Raspail, incorrigible, dénonce une fois de plus la pratique du népotisme qui, selon lui, gangrène la noble institution. Il n'hésite pas à évoquer le cas du propre fils d'Etienne Geoffroy Saint-Hilaire, nommé récemment à l'Académie : « J'eusse désiré, écrit-il, qu'Isidore Geoffroy Saint-Hilaire se contentât de mériter les suffrages académiques et ne s'exposât pas à être accusé, par ceux qu'ils ne le connaissent pas personnellement, de devoir plus à son titre de fils qu'à son titre de savant ».

Néanmoins, Raspail se montre prêt à recevoir le prix Montyon. Mais, il ne se fait aucune illusion sur les chances de l'obtenir. « Car, déclare-t-il, je suis convaincu que de toute cette affaire, il ne restera que votre lettre qui, à elle seule, vaut plus que tout le reste à mes yeux[47] ».

Raspail a vu juste : il ne recevra pas le prix Montyon. Le Ministre de l'Instruction publique, Guizot, apprenant la décision de l'Académie des Sciences s'est écrié : « il ne faut pas que cet argent aille grossir la caisse de l'émeute ». Cependant, le savant a au moins une raison de se réjouir. Son nouvel ouvrage, *Nouveau système de chimie organique*, paru dans l'année, est salué en France et à l'étranger et connait un grand succès commercial.

Un quotidien républicain : Le Réformateur

Après la désintégration de la *Société des droits de l'homme*, Raspail semble avoir décidé d'abandonner la politique complotiste des sociétés secrètes au profit d'une activité de propagande légale. « L'échec de ces mouvements, souligne-t-il, m'avait renforcé dans la conviction qu'il fallait éclairer, persuader et convaincre[48] ». Cela prendra la forme d'un quotidien, *Le Réformateur*.

La création du journal se fait dans un contexte d'agitation politique extrême. Dès de le début de l'année 1834, le gouvernement présidé par Thiers renforce la répression contre les républicains et les ouvriers.Le 16 février, il promulgue une loi interdisant aux crieurs publics des brochures et des journaux l'exercice de leur profession sans autorisation préalable de la municipalité. Dans la nuit du 20 au 21 février, l'annonce de la nouvelle loi sur la presse est l'occasion de rixes avec la police dans les rues de Paris. Les troubles continuent les jours suivants, jusqu'au 24 février.

Le 9 avril, le procès des six chefs canuts arrêtés en février relancent les hostilités à Lyon. L'insurrection s'étend dans diverses villes de province puis à Paris, où Marrast[49] lance un appel dans *La Tribune* pour inciter les sections de la *Société des droits de l'homme* à descendre dans la rue. Les autorités procèdent à un grand nombre d'arrestations préventives.

Le 13 avril, des émeutes éclatent à Paris. Le lendemain, les troupes du maréchal Bugeaud[50] massacrent tous les habitants d'une maison située 12, rue Transnonain, d'où un coup de feu a été tiré sur la troupe. Cet épisode marque la fin de l'insurrection.

Le 15 avril, la Chambre des pairs, est constituée en haute cour de justice, devant laquelle va se dérouler le « procès d'Avril » dit le « procès monstre ». À l'issue d'une instruction qui durera plus d'un an, cent vingt et un républicains seront traduits devant cette juridiction exceptionnelle, sous l'accusation de complot contre la sureté de l'Etat. Le jugement sera rendu le 17 août 1835. Pour une fois, Raspail ne fait pas partie des accusés.

Parmi les suspects appréhendés en avril se trouve le capitaine Théophile Guillard de Kersausie[51] l'un des plus fidèles amis et compagnons de lutte de Raspail. Les deux hommes se connaissent depuis 1829. Du fond de sa prison, Kersausie envisage de fonder un journal et convainc Raspail d'en accepter la rédaction en chef. Fort de sa fortune familiale, il met à la disposition de ce dernier la somme de cent mille francs, une somme considérable pour l'époque. C'est cet apport financier crucial qui permet la création du *Réformateur*.

Les bureaux du quotidien sont situés 24, rue Dauphine. Outre Raspail, qui écrit la plupart des articles, l'équipe rédactionnelle comprend le mathématicien Jacques-Frédéric Saigey chargé d'une partie du bulletin scientifique, l'écrivain allemand Ludwig Börne[52], des critiques de théâtre et son neveu Eugène qui est le véritable second de la publication.

En cette année de procès monstre, le journal devient la voix des martyrs républicains et des ouvriers. Raspail fait de son journal leur véritable avocat, multipliant les attaques contre le pouvoir.

Le premier numéro du quotidien parait le 9 octobre 1834, chez l'éditeur imprimeur Charles Baudouin. Entre cette date et sa dernière parution le 27 octobre 1835, quelque trois cent quatre-vingt-trois numéros seront publiés. Dans le premier numéro, le journal se décrit comme un *journal quotidien des nouveaux intérêts matériels et moraux, industriels et politiques, littéraires et scientifiques*. Il contient une large gamme d'articles, à caractère culturel et pédagogique aussi bien que politique.

Le prospectus annonçant la parution du nouveau quotidien, daté du 1er octobre 1834 mais publié dans le numéro du 9 octobre, constitue une véritable profession de foi de Raspail. Après avoir exprimé sa satisfaction de disposer d'un organe de presse lui permettant de diffuser ses idées, il se livre, sans plus tarder, à une attaque en règle contre les tenants de l'ordre établi :

> « Du bonheur pour vous, riches, qui vous blasez sur les faveurs du siècle ; et du bonheur pour le pauvre qui jusqu'ici en a dévoré toutes ses rigueurs ! Car nous ne nous fatiguerons point de vous rappeler ces vérités, qui vous trouvent toujours indifférents, vous, mais qui, pour nous, ont toujours, comme la première fois, le pouvoir de nous fendre le cœur, et de nous faire trembler pour les destinées de la France. Pendant qu'étendus sur vos divans d'un si grand prix, vous bénissez un état de choses qui vous prodigue de l'or sans talens, des décorations sans danger et des

> titres sans mérite ; l'humanité qui vous déborde est travaillée par de cuisantes douleurs[…] il est tout un peuple de plus de vingt millions d'hommes qui languissentdans l'ignorance ou le désœuvrement ; et le bonheur dont on nous parle en si beaux vers et en si belle prose le jour de vos naissances et même celui de votre mort, ce bonheur n'existe nulle part, ni chez vous ni chez nous, grâce à ces vieilles institutions que vous serrez à deux mains comme votre plus bel héritage ».

Dès lors, le régime républicain, affirme-t-il, reste le seul recours pour transformer une société gangrénée par l'égoïsme. Il rappelle : « le mot *république*, nous vous l'avons assez souvent défini pour que vous le lisiez désormais comme le synonyme le plus usité d'une réforme générale, d'une réorganisation complète de cette société qui tombe de toutes parts en lambeaux ».

Raspail n'y va pas de main morte. Il prône la réforme complète des rapports sociaux, des lois civiles, commerciales, pénales, politiques, agricoles, du système militaire, de l'industrie, des pratiques commerciales, ainsi que l'accès pour tous à l'instruction et au savoir.

Néanmoins, il rassure ses lecteurs sur les moyens à mettre en œuvre pour atteindre ces objectifs :

> « Pour procéder à ce grand œuvre, nous appelons à nous tous les hommes généreux de la France et de l'étranger. Ce n'est point une conspiration que nous tramons ; on ne conspire point contre un peuple, et quand on peut marcher avec lui, on n'a pas besoin de conspirer. Nous ne formons pas une association, puisque ce mot est banni si ridiculement de nos codes. Nous créons une vaste coopération d'hommes de bien ».

La politique pour nous, assure-t-il, ne sera que « l'économie sociale dans ses généralités et dans ses applications journalières ».

L'essentiel est dit. Tout au long des numéros suivants, Raspail va développer ses vues sur des questions qui sont devenues des thèmes clés pour la gauche républicaine au cours du XIXe siècle : le suffrage universel, l'éducation gratuite pour tous, la réforme pénale, l'impôt progressif sur le revenu et l'abolition de l'esclavage.

Il insiste particulièrement sur sa conception de l'économie « science à l'usage des peuples » qu'il substitue à la politique « science à l'usage des rois[53] ».

Très influencé par ses travaux scientifiques sur la cellule et les organismes vivants, Raspail définit la commune comme l'unité élémentaire de l'organisation sociale qui s'associe avec d'autres unités élémentaires pour former des agglomérations plus vastes et plus complexes, jusqu'au niveau de l'état.

Il assigne à l'économie sociale trois missions parfaitement définies par J. Barbier et L. Frobert : « 1) isoler ses unités élémentaires ; 2) détailler les diverses combinaisons possibles de ces unités élémentaires en définissant la loi de combinaisons propre aux unités du social ; 3) réfléchir à l'adaptation du social à son milieu[54] ».

Dans l'un des éditoriaux du *Réformateur*[55], Raspail récapitule en quelques phrases son plan de transformation sociale :

> « La commune comme unité gouvernementale, et le gouvernement comme la somme de ces unités, comme le concours de leurs puissances, comme le résultat de leurs rapports mutuels.
>
> Division pour la répartition, union pour l'assistance mutuelle ; association, agglomération, grand corps, dont toutes les molécules jouissent d'une vie qui leur est propre et participent à une circulation commune ; double opération, mais indivisible opération dans laquelle l'analyse et la synthèse se combinent et s'alimentent, et dans laquelle la division est l'élément d'association et l'association ne fonctionne que par division ».

Le programme proposé par Raspail ne peut manquer d'attirer les foudres du pouvoir. Comme il l'avait déjà pressenti à la fin de sa profession de foi:

> « La police, n'en doutez pas, prédisait-t-il, sera là pour entraver notre marche : soyez là aussi, vous, pour lui ravir tout prétexte de vexation, et comptez avec nous sur les bénédictions du peuple ».

Le *Réformateur* croule sous les procès, condamnations, amendes. Il essuie quatorze procès, et le montant de ses amendes s'élève à 115000 francs, en dépit de nombreuses souscriptions ouvertes en province pour l'aider financièrement.

À la suite de l'attentat de Fieschi[56] contre Louis-Philippe, Raspail est arrêté aux portes de Nantes où il était appelé pour présider un grand congrès démocratique. Sur ordre de Thiers, il est écroué à La Force fin juillet 1835. Durant son séjour dans cette prison, il fait la connaissance du célèbre criminel Lacenaire[57] avec lequel il se lie d'une étrange amitié.

Ne pouvant l'incriminer en rien, le juge Zangiacomi[58], chargé d'instruire l'affaire, est contraint de rendre une ordonnance de non-lieu. Après avoir clos par sa signature l'instruction, il engage avec Raspail une conversation amicale au cours de laquelle il lui demande : « Ah ! si vous aviez été vainqueur, qu'auriez-vous fait à notre place ? Dites-moi un peu ». Raspail, mis en confiance, lui répond en toute franchise qu'il n'aurait pas aimé être à sa place et qu'il le verrait plutôt à Charenton où il lui ferait donner deux douches[59]. Il n'en faut pas plus à Zangiacomi pour rouvrir l'instruction et inculper Raspail pour outrage à un magistrat dans l'exercice de ses fonctions.

Raspail comparait le 13 août devant le tribunal correctionnel qui le condamne à deux ans de prison et cinq ans de surveillance par la haute police. La Cour d'appel maintient la prison mais enlève la peine de surveillance qui a provoqué un tollé général dans toute la presse. La Cour de cassation, le 22 octobre, annule cet arrêt et renvoie Raspail devant la Cour de Rouen qui le condamne, le 11 décembre, à six mois d'emprisonnement qui doivent se confondre avec les cinq mois de prévention. C'est, dans l'espèce, un quasi-acquittement. Cette fin d'année 1835, Raspail retrouve sa famille. Mais, il doit retourner à Sainte-Pélagie du 8 janvier au 8 février 1836 pour solder entièrement son compte judiciaire.

En l'absence de son rédacteur en chef, *Le Réformateur* a cessé de paraitre depuis le 27 octobre. Cependant, bon nombre d'articles parus dans le journal seront regroupés et publiés en 1839 dans un ouvrage en deux volumes, *Réforme pénitentiaire. Lettres sur les prisons de Paris*. Raspail y traite tantôt de sujets politiques, tantôt de ses expériences vécues lors de ses incarcérations. En particulier, il reprend le thème si cher à son cœur du remplacement des peines de prison par la rééducation du condamné.

À la fin de l'année 1836, au moment où survient la naissance de son quatrième enfant, Marie-Apolline, il commence à donner des cours gratuits d'anatomie microscopique à l'École pratique qui lui valent un franc succès.

Expertises toxicologiques

À partir de 1837, Raspail se tient éloigné de l'arène politique, et le restera jusqu'à la fin du règne de Louis-Philippe. Il revient à ses chères études scientifiques, en publiant le *Nouveau système de physiologie végétale et de botanique*. L'ouvrage rencontre immédiatement son public, au point que des contrefaçons seront fabriquées quelques mois plus tard.

Le 9 mars 1837, la mère de Raspail meurt à Carpentras. En dépit des relations parfois tendues qu'ils entretenaient, Raspail est affecté par l'événement : « Je ne l'avais jamais revue, écrira-t-il, mais je sentis qu'entre la mort et moi, il n'y avait plus le formidable rempart de l'amour d'une mère[60] ». Il reçoit 1198 francs en héritage.

Deux ans après, ses compétences de chimiste lui valent d'être cité comme expert dans trois affaires d'empoisonnement où il croisera le fer avec le Professeur Orfila[61], médecin légiste et doyen de la Faculté de médecine de Paris.

En 1828, il s'était déjà opposé à Orfila dans une querelle qui portait sur la reconnaissance des taches de sang. Orfila prétendait qu'on pouvait reconnaitre à quelle classe d'animal appartenait une tache de sang donnée. S'appuyant sur plusieurs arguments expérimentaux, Raspail lui avait démontré qu'il n'en était rien.

L'affaire des époux Mercier jugée par la Cour d'assise de Dijon[62] en 1839 lui fournit une nouvelle occasion de se mesurer avec Orfila. La justice accuse le couple d'avoir empoisonné à l'arsenic Nicolas, un fils retardé, né d'un premier mariage du mari. Contrairement à tous les autres experts commis par l'instruction, Orfila a trouvé de l'arsenic dans les viscères de la victime. En conséquence, il prétend que la preuve de l'empoisonnement est faite. Raspail, appelé par la défense, affirme avec raison, que l'arsenic existe à peu près partout à l'état normal, y compris dans le corps humain. Il explique par quelle combinaison chimique on peut reproduire des taches ayant l'aspect métallique de celles de l'arsenic. Le jury, impressionné par ses arguments, acquitte la femme Mercier et condamne seulement le mari, avec circonstances atténuantes, s'appuyant uniquement sur les preuves morales.

Raspail est commis dans une autre affaire d'empoisonnement où il est amené à contester à nouveau les conclusions d'Orfila. Les circonstances de la mort, le 3 octobre 1839, de Thérèse Larroque, femme d'Antoine Rigal, ainsi que la découverte d'une relation extraconjugale entre Antoine Rigal et sa servante Marie-Anne Basseguy donnent à penser aux enquêteurs que Thérèse Larroque a été empoisonnée par son mari et sa domestique. Mis en accusation et arrêtés, les prévenus comparaissent le 1er juin devant la Cour d'assise du Tarn. Deux chimistes d'Albi, chargés d'analyser le corps de la défunte, n'ont pas trouvé de trace d'arsenic. Orfila, désigné comme contre-expert par l'accusation, a abouti aux mêmes conclusions. Toutefois il remet en question les méthodes des chimistes qui, selon lui, ne leur ont pas permis de détecter des traces infimes du poison. Il est désormais impossible d'en trouver, explique-t-il, car la malade a quasiment tout rejeté lors de vomissements. Raspail, sollicité par l'avocat de Rigal pour donner son avis sur les conclusions des experts, démontre la pertinence et la fiabilité des techniques utilisées par les deux chimistes. Il contredit la thèse d'Orfila, en affirmant qu'après ingestion d'un poison qui a entrainé la mort, il persiste toujours une quantité suffisante de la substance pour être détectée facilement. Donc, si les experts n'ont pas trouvé d'arsenic, c'est qu'il n'y en a pas. L'argumentation de Raspail permet à Rigal d'échapper à la peine capitale. Il est condamné aux travaux forcés à perpétuité, et sa maitresse est acquittée.

En septembre 1840, le procès Lafarge, qui a un grand retentissement et suscitera bon nombre de commentaires et d'ouvrages, a lieu devant la Cour d'assise de Tulle et donne à Raspail l'opportunité d'être confronté une nouvelle fois à Orfila, sur le terrain de la toxicologie médico-légale.

Marie Lafarge[63], née Cappelle, alors âgée de vingt-quatre ans, est jugée pour le meurtre de son époux par empoisonnement avec de la mort aux rats. Les chimistes de Tulle et de Limoges n'ont décelé aucune trace d'arsenic dans le corps du défunt. Mais, le ministère public réclame une nouvelle autopsie. Orfila, dépêché de Paris,décèle, à la surprise générale, une quantité minime d'arsenic dans le corps du cadavre. Sitôt après avoir effectué sa déposition, il repart pour Paris en emportant dans ses bagages les réactifs utilisés pour la contre-expertise.

Cependant, un jeune avocat de Limoges, Maitre Babaut-Laribière[64], a demandé à Raspail de mettre sa science au service de la défense. Malheureusement, celui-ci, ayant mis trente-six heures pour parvenir à Tulle, arrive quatre heures après la délibération du jury. Marie Lafarge est condamnée aux travaux forcés à perpétuité et à une peine d'exposition d'une heure sur la place publique de Tulle. Il est trop tard pour démontrer une présence dite naturelle de l'arsenic dans le corps humain.

Néanmoins, dans une longue lettre adressée le 24 septembre au Docteur Favre[65], Raspail souligne que toutes les précautions que l'on pouvait exiger pour la précision des expériences n'ont pas été prises et qu'il n'est nullement prouvé que l'arsenic découvert dans les assiettes au domicile de l'inculpée n'ait pas été apporté par les réactifs dont s'est servi Orfila.

À l'appui du pourvoi en cassation, Raspail rédige un long mémoire, avec cette épigraphe : « Que dieu préserve l'innocence des tours de force de la chimie invoquée devant la loi[66] ». Sur la foi de ce mémoire, le procureur général Dupin[67] demande la cassation de l'arrêt de la Cour d'assise de la Corrèze. Aucun cas de nullité n'ayant été relevé au cours de la procédure et des débats, la Cours de cassation rejette le pourvoi.

Ces expertises toxicologiques ont rapporté une certaine popularité à Raspail mais pas le moindre subside.La famille connait des difficultés financières, d'autant plus qu'elle s'agrandit avec la naissance d'un cinquième enfant, Xavier, fin 1840.

En outre, quelques mois plus tard, un évènement douloureux vient affecter la famille Raspail. Le 12 octobre 1841, le fils aîné, Benjamin, est amputé de la jambe droite au-dessus du genou. Il n'est jamais parvenu à se remettre d'une blessure provoquée par le jet d'une pierre, quelques années auparavant, alors que la famille était installée au village d'Epinay, au-dessus de Saint-Denis. Une tumeur s'est développée insidieusement sur le membre atteint. En dépit des soins qu'il lui a prodigués, Raspail n'est pas parvenu à guérir son fils. Mais l'intervention chirurgicale, réalisée selon ses indications, est un succès. Les chirurgiens acceptent les pansements de Raspail à base de camphre. Les suites opératoires seront parfaites, alors que de nombreux opérés traités par la méthode classique s'infectent et que beaucoup en meurent.

Dès la fin de l'année 1838, Raspail, qui s'était intéressé jusque-là aux plantes et à la chimie, s'est tourné résolument vers la médecine. Interpelé par la misère de ses concitoyens et soucieux de leur être utile, il s'est fait médecin. « Oh ! médecin sans titres ni bonnet carré, seulement autorisé par de longues années de recherches[68] ».

Chapitre V

Le médecin social

Sous la monarchie de juillet se manifeste un nouveau phénomène social baptisé paupérisme. Lié à l'industrialisation et à la concentration ouvrière, il s'agit de la pauvreté durable et massive des ouvriers, qui ne peuvent améliorer leur niveau de vie. Leur situation est catastrophique : journée de quatorze heures, salaires quotidiens misérables, travail incessant, sans jour de congé dans la semaine ni même dans l'année. Et ce uniquement pour subvenir à leurs besoins vitaux. Ces conditions extrêmes mettent les ouvriers à la merci des patrons, et sont la cause d'un taux de mortalité plus élevé dans la classe ouvrière que dans les autres classes sociales.

Environ 250000 mendiants, 1,8 millions d'indigents, trois millions de personnes sont inscrits aux bureaux de bienfaisance. En 1840, le médecin Louis René Villermé[1] publie un *Tableau de l'état physique et moral des ouvriers employés dans les manufactures de coton, de laine et de soie*, un témoignage accablant sur la misère ouvrière et particulièrement le travail des enfants :

> « Mais pour tous - rapporte-t-il - la fatigue résulte d'une station beaucoup trop prolongée. Ils restent seize à dix-sept heures debout chaque jour, dont treize au moins dans une pièce fermée sans presque changer de place ni

d'attitude. Ce n'est plus là un travail, une tâche, c'est une torture ; et on l'inflige à des enfans de six à huit ans, mal nourris, mal vêtus obligés de parcourir dès cinq heures du matin la longue distance qui les sépare de leurs ateliers, et qu'achève d'épuiser, le soir, leur retour de ces mêmes ateliers. Comment ces infortunés, qui peuvent à peine goûter quelques instants de sommeil, résisteraient-ils à tant de misère et de fatigue ? [2] ».

Cette situation aboutit en 1841 à la seule loi sociale du régime, qui interdit le travail aux enfants de moins de 8 ans et le travail de nuit pour ceux de moins de 13 ans, mais la loi est rarement appliquée.

Aux déplorables conditions de travail des ouvriers s'ajoute un environnement hostile qui contribue à dégrader leur santé. Paris a encore tout d'une ville moyenâgeuse, présentant des rues étroites, insalubres et mal éclairées. Le centre de la capitale est alors en pleine crise de surpopulation et de paupérisation. Les plus pauvres manquent de logements, et vivent dans une horrible promiscuité. Ils s'entassent dans les quartiers centraux qui, constituent d'importants foyers d'épidémie : le choléra en 1832 a fait 32 000 victimes.

La médecine selon Raspail

Raspail ne peut rester insensible à la précarité du monde ouvrier qui est devenue l'une des préoccupations majeures des républicains. La médecine lui apparait comme le moyen d'améliorer la condition des travailleurs. En s'efforçant de mettre les soins à la portée de tous, il contribue concrètement à la résolution de la question sociale.

Il est aussi très soucieux de l'efficacité de cette nouvelle médecine démocratisée. Il dénonce les moyens thérapeutiques encore rudimentaires, prônés par la faculté : saignée, application de sangsues, diète et médicaments antiphlogistiques, une pratique héritée de la doctrine de Broussais[3] qui accorde une place centrale à l'inflammation dans la genèse des maladies.

De la méthode d'observation qui le guide dans la réalisation de son œuvre maitresse, l'*Histoire naturelle de la santé*[4] publiée en 1843, Raspail tire l'idée que « la maladie n'est pas une entité, mais un trouble apporté dans les fonctions par une cause physique étrangère à nos organes[5] ». De là toute l'attention qu'il porte aux mesures d'hygiène qui permettent à l'individu en bonne santé de le rester, au recours à une médecine préventive ainsi qu'à une lutte contre les « miasmes », les substances toxiques, et les innombrables parasites qu'il s'agit de dépister.

La morale n'est pas étrangère à sa médecine. La santé, à laquelle l'homme est voué naturellement, ne peut être atteinte sans un perfectionnement moral :

> « Honte au malade - *proclame Raspail* - s'il a sacrifié sa santé à de sales plaisirs et à des dangers sans utilité et sans gloire, à de mauvaises passions ! [...] C'est par charité qu'on le soigne et non par sympathie ; qu'a-t-il donc fait pour être aimé ? ».

Au terme de la démarche médicale doivent avoir disparu : » *le libertin, le menteur, l'homme improbe* [6] ».

Enfin, l'auteur de l'*Histoire naturelle de la santé* met l'accent sur la dimension philanthropique de sa médecine. Ayant achevé la rédaction de l'ouvrage, il déclare :

> « J'ai rédigé ce livre au pied du malade pauvre, je le place sous la sauvegarde de l'honnête homme riche ; ceux-là m'en ont fourni la substance, que ceux-ci en assurent le succès ».

Critique et réforme de l'institution médicale

C'est dans l'*Histoire naturelle de la santé* que prend forme, de façon cohérente, chez Raspail le dessein de diffuser une méthode de soins dont le but ultime est de permettre au malade de se passer du médecin :

> « Je vais vous apprendre à être vos propres médecins et à n'avoir besoin du concours des médecins en titre que dans le cas où le médecin lui-même appelle ses collègues en consultation[7] ».

Cette idée de l'autonomie médicale sera largement propagée avec l'élaboration en 1845 du *Manuel Annuaire de la Santé*[8] qui sera réédité jusqu'en 1935 et la publication en 1847 d'un mensuel, *La revue élémentaire de la médecine et de la pharmacie domestiques ainsi que des sciences accessoires et usuelles mises à la portée de tout le monde,* qui ne durera que deux ans.

Le projet de Raspail trouve sa justification dans les critiques qu'il formule à l'encontre de la médecine officielle. L'auteur rompt avec les praticiens de son temps qui, selon lui, se gardent bien de mettre leurs connaissances à la portée de tous à seule fin de préserver leur pouvoir. Il leur reproche d'être imbus de leur diplôme, d'être aux mieux inefficaces, au pire dangereux, et surtout de faire preuve de cupidité :

> « Vous vous arrachez la clientèle ; de là vient que quelques-uns plus actifs s'enrichissent et que tous les autres moins hardis se ruinent ou végètent et pâtissent[9] ».

Il appelle les médecins à plus d'humilité :

> « Le pasteur raisonne avec ses ouailles ; le magistrat prend soin de motiver ses jugements ; le chimiste donne les proportions des sels qu'il découvre. Le médecin veut être cru sur parole et sans observation. Cette prétention aujourd'hui ne devrait plus être le propre que du charlatan et du sorcier de village : elle est encore du médecin de nos prétendues écoles[10] ».

La réforme de la profession médicale qu'il préconise s'inspire des principes de sa réforme politique. Il entend arracher la profession médicale à la logique mercantile qui la domine. Il propose de faire du corps médical une magistrature salariée, financée comme un service public protecteur des individus :

> « Nous voulons que ce corps médical que l'anarchie corrompt et déchire aujourd'hui soit une grande et vaste magistrature relevant d'elle-même et de ses votes, une hiérarchie savante et bienfaisante chargée aux frais de l'état de veiller sur la salubrité publique,sur la santé privée, sur les rapports moraux des sexes et des familles[11] ».

Il serait souhaitable que seuls le mérite et l'ancienneté conditionnent la promotion de ses membres, chacun pouvant devenir médecin « au même titre que sans diplôme il peut devenir chimiste, physicien, minéralogiste, botaniste...[12] ».

Raspail est aussi favorable à une décentralisation de la médecine. Comme en politique, c'est au niveau du quartier que peut progresser la science médicale :

> « Les élèves en médecine distribués par quartiers sont affectés au prorata du nombre des malades, au service des médecins de quartier, et chargés de veiller auprès du malade, de tenir compte des symptômes et des effets[13] ».

Chaque soir, le médecin devrait rendre compte de ses observations au comité de quartier organisé avec ses confrères. Le président du comité de quartier aurait l'obligation d'adresser régulièrement des rapports statistiques au comité d'arrondissement et les délégués d'arrondissement devraient se réunir chaque mois au chef-lieu. Délibéré et débattu à partir de la base, le traitement médical ne deviendrait une formule médicale qu'au terme d'une procédure démocratique :

> « La formule ferait règle pour tous jusqu'à ce qu'un nouveau vote basé sur de nouvelles observations ait permis de la modifier, de l'étendre ou de la restreindre[14] ».

Ainsi, la réforme proposée par Raspail exclut la reconstitution d'une nouvelle hiérarchie de la profession, détentrice du savoir et avant-garde de la recherche médicale. Elle doit se traduire à terme par une décentralisation du pouvoir et de l'expérimentation médicales, une première étape vers l'autonomie médicale.

La théorie parasitaire des maladies

Pour Raspail les causes parasitaires des maladies sont très largement prépondérantes. Dans le premier volume de l'*Histoire naturelle*, il aborde déjà l'étude des « causes morbipares animées » qui vont tenir la plus grande place dans le volume suivant :

> « C'est à la philosophie - écrit-il - à l'histoire de la nature à nous apprendre à dominer l'ennemi qui échappe à notre vue et à nous indiquer les moyens de le détruire, dans la profondeur de nos tissus qu'il dévore, alors que nous ne pouvons pas l'y saisir. La médecine ne cessera d'être une science de mots et de conjectures qu'en entrant hardiment dans cette veine d'études nouvelles et en s'armant du flambeau qui porte la lumière sur les traces de ces infiniment petits.
>
> C'est assez dire, que dans les chapitres qui vont suivre, nous n'avons pas à nous occuper des maux qui nous viennent par les coups des animaux de grande taille. Ce sont là des cas de médecine opératoire qui se réparent avec les mains et qui rentrent dans la catégorie des blessures. Notre tâche se borne à étudier ce qui s'infiltre dans nos tissus par voie chimique, ou ce qui s'y insinue par voie mécanique, mais à notre insu et d'une manière inaccessible à notre vue[15] ».

Ailleurs, il précise :

> « Mais il est des animaux infiniment petits qui sont aussi friands de notre chair que peuvent l'être l'ours et le tigre ; parasites d'autant plus dangereux qu'ils sont moins visibles, leur petitesse leur permet de se cacher dans l'épaisseur de tous nos tissus, dans les cavités les plus secrètes de tous nos organes ; ils peuvent, de la sorte, jeter le désordre dans toutes nos fonctions, sans que personne, et le médecin encore moins que les autres, le devine[16] ».

Raspail passe en revue les maladies présentées par différentes classes d'animaux : les mammifères, oiseaux et poissons ; les reptiles et batraciens ; les mollusques, les entomostracés et crustacés ; les scorpionides ; les myriapodes ; les arachnides ; les insectes suceurs ; les insectes broyeurs et enfin les annélides et helminthes, ou vers intestinaux. Les parasites se retrouvent responsables de la quasi-totalité de la pathologie. Parmi ceux-ci, les helminthes tiennent une place prépondérante et deviennent synonymes de l'ensemble des parasites :

> « Les helminthes sont les auteurs des trois quarts au moins de nos maladies. Il n'est pas de tissus imperméables à leur invasion. Il n'est pas de douleurs internes qui ne soient l'effet de leurs piqures ; il est peu de mouvements convulsifs qui ne reçoivent l'impulsion de leur application sur quelque papille nerveuse. Les retards apportés aux autopsies nous empêchent de surprendre ces vampires sur le fait, et de les rencontrer au centre de leurs œuvres, mais l'analogie nous les indique, partout où il peut exister un désordre ou une désorganisation[17] ».

Le camphre, une panacée universelle

Dans ce nouveau système basé sur une théorie parasitaire des maladies, le camphre, en tant qu'agent thérapeutique, occupe une place centrale. Raspail en donne la raison :

> « Le camphre est l'antiseptique et l'insecticide le plus puissant, et de l'emploi le plus commode que nous ayons pu trouver dans la foule des huiles essentielles que la matière médicale mettait à notre disposition. C'est pour cela que nous lui avons donné la préférence, dans l'application du système qui s'en prend aux insectes, comme à l'une des causes les plus fréquentes des maladies qui nous affligent habituellement[18] ».

Depuis le XVIIIe siècle, le camphre, isolé en 1724 par Caspar Neuman[19], est utilisé dans une foule d'affections, et en particulier pour ses propriétés vermifuges et antihelminthiques. Raspail connait aussi de longue date ses propriétés « antiputrides ». Il l'a utilisé pour conserver ses collections de gros insectes. Dès 1827 il l'a expérimenté sur lui-même par voie buccale, par inhalation ou en application locale.

En novembre 1838, Raspail rédige dans le *Bulletin générale de thérapeutique*, dans la *Gazette des hôpitaux civils et militaires* et dans l'*Expérience* un long article sur l'emploi du camphre[20]. Le 24 janvier 1839, il publie un opuscule in-32 de seize pages : *Cigarettes de camphre et camphatières hygiéniques, contre une foule de maux lents à guérir, ou même incurables et chroniques, qui ne réclament pas immédiatement ou ne réclament plus la présence du médecin, ou bien enfin qu'on est condamné à soulager en son absence*. La publication est suivie la même année, en décembre, d'une seconde édition de trente-deux pages. C'est le pharmacien Collas, situé au numéro 10 de la rue Dauphine, qui publie la brochure dont une nouvelle édition parait en 1842. Le fascicule, qui changera de titre pour s'intituler *Médecine des familles ou la méthode hygiénique et curative par les cigarettes de camphre,* atteindra 139 pages en 1845.

Dès la parution de l'article de Raspail dans le *Bulletin générale de thérapeutique*, le camphre, en dépit des réserves de l'Académie de médecine, trouve son public. En témoigne l'extrait d'une lettre adressée le 4 décembre 1838 au docteur Miquel par le docteur Cunier, médecin de la garnison de Mariembourg :

> « J'étais depuis deux jours dans un accès d'asthme qui ne met laisser aucune minute de repos [...] Je préparais de l'eau-de-vie saturée de camphre et une cigarette. Ma poitrine fut recouverte par la compresse ; je commençais à ne respirer que par le tuyau de plume, dans lequel j'avais placé des grumeaux de camphre. Un quart d'heure plus

tard, le spasme était tombé, plus de toux ; le soir, je préparai une pommade camphrée avec laquelle je me fis frotter la poitrine, et je me couchai, toujours le tuyau en bouche. J'eus une excellente nuit, onze heures de sommeil non interrompu ; depuis lors plus d'accès, plus de dyspnée, plus le moindre gène de respiration [21] ».

Le médecin rapporte également qu'il a appliqué avec succès un traitement analogue chez un patient asthmatique depuis vingt-cinq ans.

L'administration du camphre sous forme de cigarette est, sans nul doute, une nouveauté. Le but de la cigarette étant « de faire arriver l'action médicatrice du camphre immédiatement sur les surfaces pulmonaires », il est incontestable que son utilisation dans les affections pulmonaires, et notamment dans l'asthme, où il est généralement associé à d'autres dérivés camphrés (alcool camphrée, pommade camphrée, eau sédative), peut se révéler efficace.

Cependant, partant du principe que nombre de maladies sont d'origine parasitaire, Raspail préconise l'usage du camphre dans les pathologies les plus diverses :

> « Le camphre a la propriété de ramener le sommeil, d'éclaircir les urines, de mettre en fuite ou d'empoisonner les parasites internes ou externes, par conséquent de dissiper les crampes et maux d'estomac, les douleurs d'entrailles, la diarrhée et la dysenterie, la gravelle, de prévenir la formation de la pierre. Les urines les plus rouges et les plus sédimenteuses reprennent leur limpidité dès qu'on a fait usage un seul jour de la poudre de camphre à l'intérieur ; elles répandent une odeur aromatique, et restent longtemps à l'air sans se décomposer et sentir mauvais[22] ».

Les différentes formes galéniques du camphre

Raspail propose le camphre sous huit formes galéniques, dont la préparation est expliquée dans l'*Histoire naturelle de la santé et de la maladie*[23] et dans le *Manuel annuaire de la santé*[24], avec leurs indications propres, notamment énumérées dans la troisième partie du *Manuel*[25] :

- Le *camphre à fumer* sous la forme de cigarettes est le produit phare de la méthode hygiénique et curative. Dans ses deux ouvrages, Raspail en détaille la fabrication à partir de tuyaux de plume, de paille, en ivoire, os, bois des îles, verre... Certaines cigarettes sont même teintées pour ressembler à un cigare de Havane. Outre le traitement de l'asthme, le camphre à fumer est recommandé dans les maladies respiratoires les plus diverses (croup, coryza, infections pulmonaires, extinction de voix), accessoirement dans les maux d'estomac et les affections de la bouche.

- Le *camphre à manger* sous forme de grumeaux, le plus souvent avec de l'eau-de-vie, est réservé aux maux d'estomac, aux dysenteries, diarrhées, coliques, au choléra-morbus, ainsi qu'à la jaunisse, la chlorose, la maladie de foie et le scorbut. Ces indications reposent sur le double rôle supposé du camphre :antiparasitaire sur les vers et antiseptique sur les ulcérations intestinales dont il favorise la cicatrisation. Raspail conseille également d'introduire un grumeau de camphre dans une dent cariée pour dissiper la douleur. Il le prescrit également sous cette forme dans la sphère génitale pour accroitre la fécondité, faciliter la gestation et l'accouchement ou comme anaphrodisiaque contre le priapisme, la masturbation, la nymphomanie.

- Le *camphre sous forme de poudre* peut être répandu sur les plaies ou employé après une intervention chirurgicale pour éviter la gangrène ou la pourriture d'hôpital. Il peut aussi être utilisé dans la sphère génitale soit chez l'enfant pour le préserver des « habitudes mauvaises et précoces » soit chez l'adulte pour prévenir le risque de maladie syphilitique.

- L'*eau-de-vie* et l'*alcool camphré* permettent de pratiquer des inhalations pour combattre le saignement de nez ou le crachement de sang. Les frictions en lotion sont indiquées pour le traitement de diverses lésions cutanées (dartre, lèpre, panaris…). En boisson, le mélange eau-de-vie saturée de camphre est employé contre le choléra, la fièvre jaune, la typhoïde, les maladies vénériennes et, en particulier, le ver solitaire.

- L'*huile camphrée,* un mélange d'huile d'olive, d'amandes douces ou de Colza avec du camphre en poudre, est administrée en lavements ou en injections dans les orifices naturels.

- La *Pommade camphrée*, un mélange de poudre de camphre et de saindoux appliqué en friction, combat les douleurs de toutes sortes.

- Le *cérat camphré*, un mélange de pommade camphrée et de cire, sert pour la fabrication de suppositoires ou d'ovules.

- L'*eau sédative*, un mélange d'alcool camphré, d'ammoniaque, de sel marin et d'eau, est créditée de vertus multiples qui en font une véritable panacée. Elle est indiquée dans le traitement d'une gamme étendue de pathologies aussi bien internes qu'externes. Elle convient également dans le cas de piqures de vipère, de scorpion, d'insectes venimeux.

> « Quand on est témoin pour la première fois des effets si prompts et si sûrs de l'eau sédative - écrit Raspail - l'action de ce médicament semble tenir du merveilleux[26] ».

Antisepsie, Asepsie

Cependant, en dehors de ces indications pour le moins contestables, l'emploi de l'eau de vie et de l'alcool camphré au cours des interventions chirurgicales, va se révéler particulièrement judicieux. Par ses propriétés antiseptiques, le camphre devient la base de l'hygiène et de la propreté. De ce fait, Raspail peut être considéré comme un précurseur de l'antisepsie et de l'asepsie. Le mot même d'antisepsie lui est familier :

« Le camphre participe de la propriété antiseptique et antifermente, cible que possèdent toutes les huiles essentielles ; mais sa qualité concrète semble augmenter cette précieuse propriété[27] ».

En conséquence, il souligne l'efficacité du pansement camphré pour mettre les opérés à l'abri des infections purulentes et de la gangrène :

« Par le pansement au camphre, affirme-t-il, les plaies et blessures sont à l'abri de la gangrène, de l'érysipèle, de la formation d'un pus de mauvaise nature[28] ».

Dans toute opération d'amputation, il préconise de « prévenir la putréfaction par l'emploi de baumes antiseptiques, de la poudre de camphre, des lotions de chair non entamées avec de l'eau-de-vie camphrée[29] ».

Voici comment ce traitement se trouve résumé dans la première édition de l'*Histoire naturelle de la santé et de la maladie*[30] :

- Tenir l'opéré dans un endroit sec et aéré à l'abri des émanations putrides pour prévenir les empoisonnements miasmatiques par les tissus taillés à vif.

- Lotions d'eau sédative pour remplacer les émissions sanguines et arrêter dès leurs débuts tous les mouvements fébriles. Nourriture complète et aromatique, y compris vins généreux à la place de la diète qui doit être souverainement bannie. Aloès à diner pour combattre la constipation.

- Nettoyage de chairs avec l'alcool camphré, surtout dans le voisinage de la plaie. Pansement de la plaie avec couche épaisse de poudre de camphre et par-dessus l'application d'un coussinet de charpie enduit de pommade camphrée, afin de prévenir toute tendance à la putréfaction.

- Renouveler ce pansement deux fois par jour.

Raspail s'insurge, à juste raison, contre les conditions dans lesquelles sont pratiquées les interventions chirurgicales. Rappelons qu'à cette époque, le chirurgien, avant d'opérer, se lave sommairement les mains dans un bassin que lui présente un infirmier. Il se rend dans la salle d'opération, accompagné de ses aides qui, eux, ne se lavent pas. Tous conservent le tablier à bavette qu'ils ont mis en arrivant et qui ne leur est changé que deux fois par semaine. À l'arrivée du patient, les cuvettes, les éponges, les compresses, la charpie sont rassemblés sur une table. Sur une autre, à portée de la main, se trouvent les instruments dont l'opérateur va se servir, tels qu'on vient de les prendre dans la vitrine et tels que l'infirmier, chargé de les nettoyer après la précédente opération, les y a remis à leur place. Après l'anesthésie du patient au chloroforme, le chirurgien porte le bistouri ou le couteau dans les chairs, sans que, préalablement, le champ opératoire ait subi le plus élémentaire des nettoyages.

Raspail, dont le pansement antiseptique garantit les opérés contre tous les accidents, ne cesse de réclamer plus de propreté dans les interventions chirurgicales. Chaque année, il répète dans le *Manuel annuaire de santé* :

> « On ne saurait trop observer la propreté pour procéder à une opération. Les chirurgiens doivent avoir soin de laver leurs instruments avant et après l'opération avec de l'ammoniaque et de les essuyer ensuite avec de l'alcool. Ils se mettront ainsi à l'abri du plus grand nombre de leurs accidents ordinaires [31] ».

La méthode Raspail

Ce qu'il est convenu d'appeler la « méthode Raspail » repose en premier lieu sur une médecine curative organisée autour du camphre, en association accessoirement avec d'autres substances minérales ou végétales : aloès et bouillon aux herbes, huile de ricin, calomèlas (mercure doux), iodure de potassium, fougères, poudre de racine de garance, etc.

Parmi celles-ci, l'aloès, sous forme de pilules, de grumeaux ou de poudres, peut être considéré comme une autre composante de la méthode. Employé en qualité de purgatif, il a l'avantage d'exercer son action uniquement sur le duodénum et le colon, sans avoir d'effet sur l'estomac. Il est recommandé en cas de constipation. Voici ce qu'en dit Raspail :

« *Nous préférons l'aloès à tous les autres purgatifs, à cause de ses propriétés inoffensives, mais surtout parce qu'il possède la triple faculté de déblayer les intestins, sans imposer aucune privation habituelle, de chasser ou de tuer les vers intestinaux, enfin de ramener ou de régulariser les menstrues. L'aloès est, de cette manière, infiniment favorable à la digestion [...] Aussi, dans notre régime hygiénique, le prescrivons-nous, tous les quatre ou cinq jours, à la dose de 25 centigrammes (5 grumeaux)*[32] ».

Comme nous le voyons à propos de l'aloès, la « méthode Raspail » est aussi basée sur une médecine préventive qui préconise un « régime hygiénique » permettant à l'individu de préserver sa santé. Ce régime comporte des mesures d'hygiène physique relevant du bon sens et intéressant la propreté, la tempérance et la sobriété :

> « Ne forcez la nature en rien, ni dans la fatigue du corps, ni dans celle de l'esprit, ni dans les plaisirs mêmes licites. Soyez sobres et tempérants, sachez finir ou l'excès commence[33] ».

C'est ainsi qu'il est recommandé de se préserver de l'humidité, du froid aux pieds, des courants d'air, des changements brusques de température, d'habiter des pièces bien exposées et aérées, de changer de linge matin et soir, de prendre ses repas à heures régulières, de faire de l'exercice tous les jours, de ne pas veiller tard, de dormir neuf heures par nuit, d'aller souvent à la campagne pour changer d'air. À ces mesures d'hygiène générale s'ajoutent des prescriptions d'hygiène morale :

> « Soyez désintéressés, francs et loyaux en amour, en amitié et dans les affaires. La dissimulation et la cupidité sont les vers rongeurs du plus noble de nos organes [...] Le menteur et le fourbe souffrent plus encore qu'ils ne font souffrir. On ne vit calme et sain que dans le vrai[34] ».

Ne répondant pas aux critères de scientificité définis par Claude Bernard[35], la « méthode Raspail », soumise à la seule logique et échappant à toute vérification expérimentale, n'est que l'émanation d'un système organisé et parfaitement structuré qui « n'entre pas dans le champ de la science médicale de son époque [36] ».

Cependant, elle trouve un écho dans les couches les plus modestes de la population qui n'ont pas accès à une médecine correcte. Elle n'est pas moins efficace que les traitements de la médecine officielle surtout redoutablement agressifs et dangereux (saignées, sangsues, diète, cautères, vésicatoires, sels de plomb, sels de mercure, polypharmacie).

Des lettres de remerciements, de gratitude, et de conseils émanant de l'instituteur, du notaire, du curé ou du médecin de province, Raspail en reçoit quotidiennement. En témoigne la missive adressée à Raspail le 12 avril 1847 par Monsieur Bravard, chirurgien à Jumeaux (Puy-de-Dôme) :

> « Les succès (que j'obtiens par la nouvelle méthode) font plus que se soutenir. Il y a un temps infini que je n'ai perdu un seul malade dans cette localité. Tous les jours, il m'arrive d'obtenir des guérisons avec une promptitude qui tient du prodige. La fièvre typhoïde, prise au début, se dissipe constamment dans les vingt-quatre heures. C'est un fait que j'ai constaté depuis longtemps ; il m'a été facile, cette année, d'en rendre témoins des hommes que j'estime et que j'étais bien convaincu de ramener à l'évidence [37] ».

En outre, la propagation de la méthode est assurée par un réseau de notables charitables, d'aristocrates et de grands bourgeois ainsi que par des personnalités connues ayant bénéficié de ses soins, comme la sœur d'Alfred de Musset, la marquise de Bernis, la famille Fritz-James et même Georges Sand, opposante politique mais adepte de la méthode.

Enfin, manifestant un réel talent entrepreneurial, Raspail, tour à tour prescripteur, pharmacien, droguiste, éditeur est, sans conteste, le meilleur propagandiste de lui-même[38]. À partir de 1860, la méthode Raspail devient une affaire de famille. L'un de ses fils, Emile, crée la Société Raspail en 1858, pour fabriquer et commercialiser les médicaments à base de camphre mis au point par son père. En 1863, il prend la direction de la maison d'édition Raspail, fondée en 1845 pour la diffusion du *Manuel annuaire de santé*.

Les contempteurs de la méthode Raspail

La méthode a aussi ses détracteurs. À part quelques exceptions, la médecine officielle, pour de motifs, qui ne sont probablement pas tous d'ordre scientifique, taxe plus ou moins Raspail de charlatanisme. Ces attaques ne proviennent pas que des institutions ou organisations médicales, mais aussi parfois de simples confères. C'est ainsi que le docteur Langlebert qui se dit « un simple et obscur prolétaire de la médecine » déclare dans son livre *Réplique à M. Raspail* :

> « Mais n'est-ce pas vraiment faire outrage à la science que d'oser, à notre époque, assigner une pareille cause à toutes les maladies ? Quoi ! ces maladies si diverses, si variées dans leurs symptômes, si changeantes dans leur aspect ; ces maladies qui, d'un individu à l'autre, diffèrent comme diffèrent les caractères et les physionomies ; ces maladies ne reconnaitraient toujours qu'une cause unique ! Ainsi l'homme vivant ne cesserait d'être la pâture d'animalcules parasites et voraces qui, labourant les tissus dans tous les sens, y produiraient tous les genres de douleurs...Mais c'est à faire frissonner si l'on pouvait y croire ! [39] ».

La méthode de Raspail n'est que peu mentionnée dans les traités et les dictionnaires médicaux qui font autorité au XIXe siècle, et fait le plus souvent l'objet de critiques ou de sarcasmes. Ainsi Julius Vogel[40],professeur de clinique médicale à l'université de Giessen, évoque brièvement son nom dans son célèbre*Traité d'anatomie pathologique générale* paru en 1847. À propos des insectes parasites, il écrit : « Il y a même des auteurs qui les ont regardés comme causes de toutes les maladies » Parmi ceux-ci, il cite, dans une note en bas de page, Raspail et son *Histoire naturelle de la santé et de la maladie* qu'il qualifie de « mélange bizarre de vérités et de choses imaginaires, dans lequel, toutefois, celui qui lit avec critique, trouvera des faits intéressants[41] ». Plus loin, il ajoute dans une seconde note, concernant entre autres les larves de différentes mouches :

> « On pourra consulter à ce sujet l'ouvrage précité de Raspail (Hist. nat. de la santé et de la maladie) dont il ne faut toutefois user qu'avec beaucoup de circonspection[42] ».

Dans le *Dictionnaire de médecine usuelle à l'usage des gens du monde*, publié en 1849, sous la direction du Dr. Jean-Pierre Beaude[43], l'article *Cigares médicamenteux* se termine ainsi :

> « Enfin il ya les fameuses cigarettes de camphre de M. Raspail, qui ont au moins cet avantage, que si elles ne font pas de bien elles ne peuvent assurément faire de mal : à part quelques cas de névrose des voies aériennes dans lesquels le camphre peut avoir une action sédative réelle, nous ne pouvons voir là qu'une exploitation de la crédulité publique[44] ».

Dans les dernières décennies du XIXe siècle, Littré[45] n'est guère plus aimable dans son dictionnaire (1865) :

> « On a recommandé sous diverses formes le camphre comme un préservatif universel, d'après l'idée que toutes les maladies tiennent à des parasites infusoires qu'il détruit. Il n'est pas nécessaire de faire remarquer à des médecins que toutes les maladies ne proviennent pas d'infusoires parasites, et qu'il n'est point de panacée universelle [46] ».

On retrouve la même prévention dans l'*Histoire des sciences médicales* (1870) où Charles Daremberg[47] reconnait en passant la contribution de Raspail à la chimie organique, mais ne dit pas un mot de sa méthode[48].

Quelques années plus tard, le *Dictionnaire Dechambre* rejette avec force la méthode Raspail :

« La science a depuis longtemps fait justice de ce système anti-médical, et nous plaignons les gens du monde près desquels il est resté en quelques crédits[49] ».

Gustave Flaubert, qui a, par ailleurs, sollicité les soins de Raspail, ne résiste pas au plaisir de railler sa méthode dans *Madame Bovary*, en l'incluant malicieusement dans les inscriptions publicitaires placardées sur la maison du pharmacien Homais : « Eaux de Vichy, de Seltz et de Barèges, robs dépuratifs, médecine Raspail, racahout des Arabes, pastilles Darcet, etc.[50] ». Dans le roman posthume *Bouvard et Pécuchet*, l'ironie de l'écrivain se fait encore plus mordante. Il écrit à propos du *Manuel annuaire de santé :*

« La clarté de la doctrine les séduisit. Toutes les affections proviennent des vers. Ils gâtent les dents, creusent les poumons, dilatent le foie, ravagent les intestins et y causent des bruits. Ce qu'il y a de mieux pour s'en délivrer, c'est le camphre. Bouvard et Pécuchet l'adoptèrent[51] ».

Les caricaturistes ne l'épargneront pas non plus. L'un des plus célèbres d'entre eux, Gill, le représentera, en 1876, dénudé, accoudé sur une fontaine de jouvence de camphre.

Exercice illégal de la médecine

Sans rien abandonner de ses convictions, Raspail se retire de la vie politique militante, pour se livrer tout entier à son œuvre de médecine populaire. Entre 1840 et 1848, il pratique ses consultations d'abord dans sa maison de Montsouris, puis dans un local sis au 55, rue de la Tombe-Issoire, ensuite au 10 rue des Franc-Bourgeois, et, après 1846, 5 rue des Cultures Sainte-Catherine, aujourd'hui rue de Sévigné. Dans ce dispensaire, il travaille en collaboration avec le docteur Cottereau[52], professeur agrégé à la faculté de médecine. Il soigne sans distinction bourgeois et ouvriers, aristocrates et roturiers, notables et miséreux, faisant payer les premiers et soignant au camphre les seconds. Malgré l'assistance d'un membre du corps médical qui doit le couvrir d'après la loi, il est poursuivi pour exercice illégal de médecine, à la demande du docteur Foulquier[53], médecin du roi, et surtout d'Orfila au nom de la Faculté. Il comparait, le 12 mai 1846, devant la 8ème chambre correctionnelle où il se défend avec vigueur et talent :

> « Savez-vous, s'écrit-il, que je ne me rappelle pas m'être couché un seul jour, pendant cette longue suite d'années, sans être dompté par le mal de tête et le besoin de respirer ? Messieurs les dénonciateurs, vous êtes encore bien arriérés, si vous croyez vous rapprocher de moi, et m'atteindre, en vous plaçant à la tribune qui est en face, et en me faisant placer, moi, sur ce banc de criminels : dans cet petit espace qui nous sépare il y a trente ans de labeurs à parcourir[54] ».

Toutefois, le réquisitoire de Puget, procureur du roi, est des plus modérés :

> « Messieurs, déclare-t-il, la prévention de l'exercice illégal de la médecine se trouve le plus souvent en face de l'empirisme et de l'ignorance, se délivrant à eux-mêmes des diplômes en vertu desquels ils exploitent la confiance et la santé publiques. Aujourd'hui, elle est en présence d'un homme éminent dans la science, d'un homme dont s'honorerait le corps des médecins, s'il daignait y rentrer et accepter un diplôme de la part de la faculté, laquelle lui tend la main, et qui est seulement coupable d'une dédaigneuse infraction à la loi[55] ».

Le ministère public requiert le minimum de la peine, 1 franc d'amende, « moins pour le punir que pour le forcer à régulariser sa situation médicale vis-à-vis de la loi ». Mais le tribunal le condamne au maximum de la peine, soit quinze francs d'amende. Sur appel, la cour confirme le jugement de première instance. Raspail retourne aussitôt à ses malades, et ouvre un bureau de consultations gratuites rue Culture Sainte-Catherine. Il affirme que, si on le poursuivait désormais pour exercice illégal de la médecine, il répondrait au Président :

« Oui, je fais de la médecine, un exercice très illégal, mais éminemment moral, voilà quinze francs et je retourne à mes consultations[56] ».

Son emploi du temps est des plus chargé – jusqu'à 200 malades par après-midi. Il est requis les lundi, mardi, jeudi et vendredi durant de longues heures après le déjeuner, parfois jusqu'à 21 heures 30, alternant les consultations des enfants avec celles des gens fortunés, lecteurs du *Manuel de santé*, ainsi qu'avec des cas graves ou des adultes porteurs de certificats.

Autour de Raspail, la famille forme maintenant un clan soudé qui s'investit totalement dans la défense des intérêts du chef de famille. Elle est d'autant plus unie que François a épousé enfin Henriette Troussot le 2 juin 1847, au terme de vingt-six ans de vie commune.

Chapitre VI

Le républicain berné

Les causes de la révolution de 1848, qui va entrainer la chute de la monarchie de juillet, sont multiples. Les insurrections de 1831, 1832 et 1834, suivies de répressions toujours plus dures, ont marqué profondément les esprits. Les crises qui surviennent durant le règne de Louis-Philippe vont contribuer à l'explosion de la révolution de février.

La crise agricole, survenue en 1846, a entrainé la réduction de la consommation de produits industriels et engendré du chômage surtout dans les industries textiles. À cela se sont ajoutées les difficultés d'adaptation des structures financières à une économie qui s'industrialise.

Dans ce contexte économique préoccupant, le gouvernement en place doit faire face à de nombreux opposants : les légitimistes, qui souhaitent le rétablissement des Bourbons, les bonapartistes groupés autour de Louis-Napoléon, le neveu de Napoléon 1er, et les républicains qui représentent la menace la plus grave pour le régime.

Les doctrines socialistes, élaborées d'abord par Henri de Saint-Simon[1], puis reprises par Charles Fourier[2], Etienne Cabet[3] et Pierre Leroux[4], commencent à se répandre. Elles partent toutes d'un même constat : la révolution industrielle qui commence ne profite qu'à la bourgeoisie ; le prolétariat est voué à une servitude sans espoir.

La bourgeoisie libérale, dont Odilon Barrot[5] est l'une des figures les plus marquantes, réclame une réforme électorale, visant à abaisser le cens[6] de 200 à 100 francs, afin de permettre l'accession au pouvoir et à la citoyenneté de la petite bourgeoisie composée notamment de professions libérales et de boutiquiers.

Enfin, le climat de la vie politique se dégrade du fait de scandales mettant en cause les dignitaires du régime. L'affaire Teste Cubières[7], qui éclate en 1847, est l'un des plus retentissants. Un autre scandale, tout aussi éclatant, survient à la même époque, et prend, du fait de la notoriété et de la position sociale des protagonistes, une ampleur particulière : l'assassinat de la duchesse de Choiseul-Praslin[8] par son époux, pair de France.

Le climat délétère qui a envahi la vie publique ne manque pas de préoccuper Alexis de Tocqueville[9]. Le 27 janvier 1848, il prononce devant les députés un discours prémonitoire où il annonce les bouleversements à venir :

> « Est-ce que vous ne sentez pas… que dirais-je ? … un vent de révolution qui est dans l'air ? […] Eh bien ! ma conviction profonde et arrêtée, c'est que les mœurs publiques se dégradent ; c'est que la dégradation des mœurs publiques vous amènera dans un temps court, prochain peut-être, à des révolutions nouvelles [10] ».

Mais, c'est surtout, la campagne des banquets qui va entrainer la chute du régime. Depuis 1847, les opposants organisent des banquets pour soutenir leurs revendications. Ils bénéficient de l'aide de la presse, en particulier de *La Réforme*, et du quotidien *Le National*. Peu à peu, les opinions exprimées s'éloignent de celles de l'opposition dynastique, qui milite pour l'abaissement du cens, au profit de celles des républicains qui réclament le suffrage universel.

Des thématiques sociales, qui sont parfois l'expression d'idées socialistes, se font jour. Les libertés fondamentales sont acclamées, notamment à Toulouse le 9 janvier 1848. Des personnalités républicaines de premier plan émergent, comme Alexandre Ledru-Rollin[11],Alphonse de Lamartine[12] ou Louis Blanc[13], qui sont des orateurs écoutés.

Le 14 février, le préfet de police interdit un banquet prévu à Paris pour le 19. À ce moment, Louis-Philippe ne prend pas encore conscience de la gravité des événements qui se préparent. À l'appel d'Armand Marrast, dans le journal *Le National*, les Parisiens sont invités à manifester le 22, date à laquelle le banquet a été reporté. Le rassemblement doit s'effectuer place de la Madeleine. La veille, pourtant, les principaux chefs de l'opposition ont reculé devant l'épreuve de force et ont donné le contre-ordre d'annuler le banquet et la manifestation. Le gouvernement, pour sa part, a décidé de ne pas mettre en application les dispositifs militaires prévus en cas d'incidents graves. En fait, gouvernement et opposition vont être très vite débordés par la situation révolutionnaire qui se développe au fil des heures.

Les journées de février

Le 22 février au matin, des centaines d'étudiants se rassemblent place du Panthéon puis se rendent à la Madeleine où ils se mêlent aux ouvriers. Les manifestants se dirigent ensuite vers la Chambre des députés, Place de la Concorde, aux cris de « Vive la Réforme ! À bas Guizot ! ». Suite à la mort d'un manifestant, l'agitation se déplace vers l'église Saint-Roch. La manifestation s'organise, la situation se détériore, la Chambre ayant rejeté quelques heures plus tôt la demande de mise en accusation du gouvernement Guizot déposée par Odilon Barrot.

Le matin du 23 février, alors que l'insurrection se développe, différents bataillons de la Garde nationale s'interposent, dans certains quartiers, entre les ouvriers et les gardes municipaux et même la troupe de ligne. La défection de la Garde nationale sonne le glas du pouvoir de Guizot. Louis-Philippe se résout, dans l'après-midi, à le remplacer par le comte Molé, ce qui équivaut à accepter la réforme. La protestation se calme ; le pire semble évité, même si le climat reste tendu.

Dans la soirée de ce même jour, la foule déambule sous les lampions pour manifester sa joie et envisage de se rendre sous les fenêtres de Guizot pour le huer. Cependant, le moindre incident peut raviver les ardeurs révolutionnaires. La provocation d'un manifestant porteur d'une torche envers un officier du 14e régiment d'infanterie de ligne posté dans le quartier des Capucines a des conséquences tragiques. Se croyant menacés, les militaires ouvrent le feu, laissant sur le pavé une cinquantaine de morts. Cette fusillade, la promenade des cadavres entassés sur une charrette dans les rues de Paris, la nuit, à la lueur des torches, l'appel du tocsin, relancent l'insurrection. On dévalise les armuriers, et on édifie des barricades qui sont bientôt au nombre de mille cinq cent dans la capitale. Ouvriers, étudiants et petits bourgeois s'y retrouvent côte à côte.

Alors que les révolutionnaires parisiens se soulèvent, il n'y a plus de gouvernement aux Tuileries. Molé ayant renoncé, le roi refuse de faire appel à Thiers qui exige la dissolution de la Chambre des députés. Le maréchal Bugeaud, commandant de l'armée et de la Garde nationale de Paris, est convaincu qu'il peut maitriser l'émeute, mais le souverain refuse la solution de force. Beaucoup trop de sang a déjà coulé.

Le 24 février 1848, Louis-Philippe ne parvient pas à reprendre en main la situation, malgré une dernière tentative de confier le gouvernement à Odilon Barrot. Lorsque le palais commence à être attaqué par la foule, vers midi, le roi abdique en faveur de son petit-fils de neuf ans, le comte de Paris, confie la régence à la duchesse d'Orléans, puis se résout à prendre le chemin de l'exil en Angleterre. La monarchie de Juillet a vécu.

Les opposants bourgeois canalisent alors la révolution, afin de lui donner un débouché politique. Le poète Alphonse de Lamartine, député de Saône-et-Loire, est leur figure de proue. Il bénéficie d'un grand crédit à la fois auprès des modérés et du peuple. a la Chambre des députés, il prend le parti d'opter pour la République, le seul régime capable d'éviter une dérive extrêmement meurtrière.

Au début de l'après-midi, le poète assiste à l'arrivée au Palais Bourbon de la duchesse d'Orléans, laquelle a l'intention de faire investir son fils et de faire reconnaitre officiellement la régence. Les insurgés faisant irruption dans l'hémicycle, la duchesse est contrainte de quitter les lieux. À la demande des manifestants, Lamartine prend la parole et réclame l'instauration d'un gouvernement provisoire. Il obtient gain de cause.

Le Gouvernement est présidé par Dupont de l'Eure[14], ancien député du Directoire. Il est composé de républicains modérés qui appartiennent au journal *Le National* : hommes de lettres comme Lamartine, avocats comme Crémieux[15] Garnier-Pagès[16] ou Marie[17], journalistes comme Armand Marrast, savants comme Arago[18] ou hommes d'affaires comme Goudchaux[19]. Quelques éléments radicaux, venus du journal *La Réforme*, Louis Blanc, l'ouvrier Albert[20], Ferdinand Flocon[21] en font aussi partie. Raspail n'en est pas : plutôt que de postuler un poste ministériel, il préfère exercer une action de contrôle.

Le soir du 24 février, le gouvernement adresse aux départements une proclamation qui contient l'alinéa suivant :

> « Bien que le gouvernement provisoire agisse uniquement au nom du peuple et qu'il préfère la forme républicaine, ni le peuple de Paris, ni le gouvernement provisoire ne prétendent substituer leur opinion à l'opinion des citoyens qui seront consultés sur la forme définitive du gouvernement qui proclame la souveraineté du peuple [22] ».

Raspail et la proclamation de la république

La révolution ramène Raspail sur la scène politique. À ce moment, il habite le quartier Montsouris qui est situé hors des barrières et s'intègre à l'arrondissement de Sceaux. Le 25 février au matin, il apprend les hésitations du gouvernement provisoire à proclamer la république. On lui annonce même que la duchesse d'Orléans est présente avec ses deux enfants à l'Hôtel de Ville, où l'a amenée le général d'Hautpoul[23].

Les ouvriers du bâtiment, maçons, menuisiers, charpentiers, qui ont payé un lourd tribut à la révolution, sont peu satisfaits de cette situation ambigüe, et viennent demander conseil à Raspail. Ils nourrissent les mêmes suspicions que lui à l'égard des hommes du *National*. Ils n'ont aucune peine à s'accorder avec leur grand homme. C'est ainsi que Raspail, à la tête d'une colonne de charpentiers, décide de se rendre Place de Grève où sont rassemblés plusieurs milliers de citoyens armés.

Alors qu'il arrive devant l'Hôtel de ville, il rencontre le citoyen Sarda-Garriga[24] qui a été tour à tour républicain et orléaniste, et qui se ralliera plus tard à Louis-Napoléon. Ce personnage, de toute évidence opportuniste, lui serre la main en s'écriant : « Nous allons avoir la régence », puis s'éclipse aussitôt. Mais, Raspail, à l'instar des charpentiers, ne veut pas que se perpétue la dynastie des Orléans. Il se mêle à la foule des combattants, qui le connaissent presque tous, et se met à les interroger sur la forme de gouvernement qui leur conviendrait le mieux. La réponse unanime fuse de toutes parts : « Mais il n'y en a qu'un seul : la République ».

> « Eh bien, proclame-t-il, vous représentez ici bien mieux le peuple que les quatre ou cinq pékins qui, là-haut, se sont affublés du titre de gouvernement provisoire ; nous allons les mettre à la raison. Suivez-moi, protégez mon dos, je protègerai suffisamment la poitrine ; et en avant, pour la République[25] ».

Les manifestants se font ouvrir les portes de l'Hôtel de ville. Après avoir neutralisé les sentinelles, ils arrivent au premier étage du bâtiment, devant la porte close de la salle où délibèrent les membres du gouvernement. Raspail se nomme, prend l'engagement de rentrer seul, si bien que la porte lui est ouverte. Au milieu de personnes qui lui sont inconnues, il finit par découvrir Marie, membre du gouvernement provisoire, lequel, selon ses dires, a « la mine d'un meunier enfariné et le tremblement de la fièvre ». Le savant, qui l'a rencontré à l'occasion d'un procès, ne nourrit pas de préventions contre lui. Il est, reconnait-il, « avocat à la vérité, mais il est le moins improbe de la bande ». Il se hisse sur une table et crie :

> « Au nom du peuple français, je proclame la République une et indivisible ».

Il ajoute pour calmer l'agitation, et sans la moindre intention d'envoyer quiconque devant un peloton d'exécution :

> « Et peine de mort, exécutée militairement, contre quiconque parlera de Régence pour ou contre ».

L'assistance interroge l'orateur ;

> « Pourquoi donc ne restez-vous pas au gouvernement provisoire ? ».

Il répond :

> « Parce que, mes enfants, je ne veux rien accepter que du suffrage universel, et qu'il est bon que le gouvernement provisoire n'ait pas des hommes de mon nom pour le compléter ; je surveillerai la marche de la République, mais je n'en profiterai pas[26] ».

Après avoir serré les mains, Raspail s'esquive par une porte dérobée. Il regagne Montsouris où il va « continuer à planter ses choux ».

Le journal « L'Ami du peuple »

La République proclamée, Raspail entreprend de former des républicains. Une tâche éducative s'impose que facilitent la liberté la presse et la liberté de réunion. Il fonde le journal *L'Ami du peuple* et, sous la même dénomination, le club de la salle Montesquieu qui lui sert de tribune pour enseigner les principes de réforme et d'économie sociales qu'il a développés dans le *Réformateur* de 1834 à 1835. Le *Club des Amis du peuple,* dont la première séance a lieu le 25 mars, sera l'un des plus fréquentés de Paris. Son auditoire semble avoir été plus nombreux que celui des clubs, cependant plus populaires, de Barbès[27] et de Blanqui.

Le titre que Raspail donne au journal est celui-là même que Marat[28] avait adopté pendant la grande Révolution. Toutefois, Raspail ne s'inscrit pas dans la lignée du Député montagnard. Certes, il veut montrer qu'il s'attache, comme Marat, à poursuivre l'éducation du peuple, mais aussi avertir que la Seconde République doit se consolider et se développer dans une atmosphère plus apaisée que la Première. Il effectuera, à ce sujet, une mise au point rassurante dans le numéro du 12 mars de *L'Ami du peuple* :

> « La terreur de 93 aujourd'hui en 1848 ! Elle n'a plus de sens, elle ne serait plus qu'une atroce folie, un drame à la Néron, un incendie de Rome pour traduire en action un incendie de Troie [...] Depuis quinze jours, je vois des Français partout et des ennemis nulle part. Au milieu de ce peuple de frères, promenez donc la guillotine, si vous l'osez ! On vous conduira vous et elle à Bicêtre, le dernier jour du carnaval».

De la sorte, Raspail se dissocie de son vieux compagnon de lutte Auguste Blanqui auquel on l'a assimilé à tort. Ce dernier, à l'inverse de Raspail, est un partisan inconditionnel de la violence révolutionnaire. Malgré la répression et les souffrances endurées durant ses longs séjours en prison, l'« enfermé » reste irrévocablement fidèle à son idéal socialiste. Son club, la *Société centrale*, attire un vaste public constitué non seulement de prolétaires mais aussi de bourgeois curieux de voir de près l'homme qui passe pour le plus terrible des révolutionnaires.

Dans l'éditorial du numéro 1 de *L'Ami du peuple*, paru le 27 février 1848, Raspail évoque avec ferveur la République et, en même temps, se réclame d'un internationalisme idéaliste et déiste si caractéristique de l'esprit de 1848 :

> « Salut ! toi qui as béni mon berceau, et toi qui béniras désormais ma tombe, République, gouvernement des peuples majeurs et dignes de la liberté. Salut !
>
> Centre de ma vie et que je n'ai jamais eu le malheur de renier une seule fois dans ma carrière déjà longue d'un demi-siècle, toi pour qui j'ai combattu, toi pour qui j'ai tant souffert de la part des parjures que le souffle du peuple vient de briser comme la feuille, et derenvoyer à l'étranger aussi humiliés qu'ils avaient été arrogants ! [...]Bravo ! enfants de Paris et de Rouen ! Bravo, enfants de France ! Vous avez laissé derrière vous nos trente ans de leçons à mains armées. À vous, à vous seuls cette victoire rapide comme l'éclair, écrasante comme la foudre, qui vient à l'instant de se faire entendre à mon oreille ; le ciel proclame votre nouvel emblème ; la foudre à la place du coq gaulois qui, pendant dix-huit ans, a abdiqué sa gloire des Pyramides et de Marengo. [...] Que reste-t-il de ces lois liberticides qui peuplaient chaque année nos bastilles et nos cachots avec l'élite de la population, avec les citoyens les plus avancés de la France ? Rien ! rien ! rien ! et à jamais rien ! [...] Cette république qui n'était pas possible en France, la voyez-vous déjà ! elle couvre l'Europe !Vive la République européenne ! dans un an, vive la République universelle ! Vive la cité de Dieu sur la terre ! Vive le règne de la fraternité et de l'égalité devant Dieu et la patrie ! ».

À cela s'ajoute ce qui, pendant toute sa vie, fut une de ses revendications, l'abolition de la peine de mort et la réforme pénitentiaire :

> « Le gouvernement, écrit-il, vient enfin d'abolir la peine de mort. La patrie entière appelait depuis longtemps de tous ses vœux cette mesure expiatoire [...] Mais ce grand acte n'est qu'un acheminement vers un acte plus solennel : l'abolition du Code pénal d'un bout à l'autre de son cortège de peines à peser dans la balance, de culpabilités à évaluer d'après le caprice des circonstances [...] Prévenir au lieu de punir ; améliorer au lieu de flétrir ; voilà le programme de l'ère nouvelle ».

Mais aussitôt, dans le numéro suivant du journal en date du 28 février, Raspail s'en prend avec vigueur aux membres du gouvernement provisoire :

> « Que faites-vous donc citoyens membres du gouvernement provisoire ? Vous avez tout à réorganiser et nul de vous n'est à son poste [...] Le seul d'entre vous qui se mette en communication avec le peuple par la parole et les apparitions, c'est le citoyen Lamartine, mais le citoyen Lamartine fait au peuple de la sentimentalité et de la belle poésie. Quant aux idées point. Quant au programme point. Quant aux assurances sur l'esprit républicain qui doit vous animer, point ».

Pourtant, à rebours de ces accusations, dès le 25 février, le suffrage universel a été institué, le droit au travail garanti et le droit d'association décrété. Des mesures qui seront suivies le 2 mars de la limitation de la journée de travail à dix heures à Paris et onze heures en province, le 4 mars de la proclamation de la liberté de la presse et de réunion et le 27 avril de l'abolition de l'esclavage, grâce à l'opiniâtreté de Victor Schoelcher[29].

Pour répondre aux revendications des ouvriers qui réclament avec insistance des mesures visant à organiser le travail, le gouvernement provisoire se contente de créer, le 28 février, une Commission pour les travailleurs, qui siège au Palais du Luxembourg sous la présidence de Louis Blanc. C'est elle qui propose la formation d'ateliers sociaux dont l'objectif serait de fournir aux travailleurs un emploi correspondant à leur compétence. Jusqu'à sa dissolution à la mi-mai, elle prendra des mesures conformes à celles définies par Louis Blanc dans son ouvrage *Organisation du travail* publié en 1839.

Cependant, simultanément, pour contrer Louis Blanc, Marie, Ministre des Travaux Publiques, est chargé par le gouvernement de la réalisation des Ateliers nationaux. Le projet à court terme de ces établissements, implantés à Paris et dans plusieurs grandes villes, est de proposer aux chômeurs des emplois non qualifiés qui ne correspondent en aucune façon à leur savoir.

Les ateliers ouverts le 27 février et placés sous la direction d'Emile Thomas[30], sont encadrés par des élèves de l'École centrale. Les ouvriers sont organisés sur un mode militaire, en escouades, brigades, lieutenances, compagnies. À partir du 8 mars, il est prévu qu'ils servent aussi dans la Garde nationale et puissent à l'occasion participer à la répression de manifestations ouvrières.

Très rapidement, cette expérience se révèlera coûteuse et inefficace. Qui plus est, les chantiers deviendront des foyers d'agitation révolutionnaire. Le 21 juin, un décret de la Commission exécutive ordonnera aux ouvriers de 17 à 25 ans de s'enrôler dans l'armée et aux autres de se tenir prêts à quitter la capitale. C'et pratiquement la dissolution des Ateliers nationaux.

La condition des ouvriers est l'une des préoccupations majeures de Raspail. Il proclame dans son journal :

> « Il faut améliorer leur sort. Assez longtemps ils ont été, dans notre société moderne à travers laquelle il faisait circuler le luxe et la richesse, des parias et des déshérités [31] ».

Le gouvernement provisoire, qui a décidé de procéder à l'élection d'une Assemblée Constituante dans les délais les plus brefs, fixe, après bien des tergiversations, les élections au 23 avril 1848. Décision trop tardive et fâcheuse selon Raspail. Si, comme il le préconisait, elles avaient eu lieu plus tôt, les réactionnaires et les conservateurs de tout poil n'auraient pas eu le temps de se réorganiser. Il soupçonne aussi le gouvernement de se livrer à des manœuvres politiciennes :

« Pourquoi avez-vous donc reculé les élections ? Serait-ce dans l'intérêt des camarades et dans le but de faire arriver à l'Assemblée nationale des amis imbus de vos idées administratives et partisans de telle ou telle modification qu'il vous plairait d'apporter à la forme immuable de la République ? Ceci ne constituerait pas une conspiration, nous en convenons, mais un enfantillage qui serait bien vite dévoilé par le ridicule de sa prétention[32] ».

Tandis que se rapprochent les élections, Blanqui et la fraction extrémiste du prolétariat, qui redoutent de plus en plus le résultat du scrutin, s'efforcent de créer de l'agitation, et de trouver un prétexte pour ajourner les élections. De leur côté, les conservateurs, voire les modérés du parti républicain, veulent discréditer Blanqui. Ils en trouvent l'occasion avec les révélations de Taschereau[33], un journaliste directeur de la *Revue rétrospective*.

En effet, Ledru-Rollin, ministre de l'Intérieur, a confié à ce dernier un document qui stipule qu'en 1839 Blanqui, après son arrestation, s'était comporté en mouchard. Lorsque cette pièce est publiée le 31 mars, l'affaire fait grand bruit. Blanqui, déstabilisé par une telle assertion, rédige tardivement une longue et virulente réponse qui se répand dans Paris le 14 avril. L'argumentation qu'il y développe pour sa défense s'avère plutôt convaincante - il est prouvé aujourd'hui, que le « document Taschereau » était un faux. Cela suffit à calmer les esprits.

Dans *L'ami du peule* en date du 16 avril, Raspail s'empresse lui aussi de flétrir la manœuvre de Taschereau, et prend résolument parti pour Blanqui :

« Le jour où ce petit M. Taschereau, l'homme de Louis-Philippe et de ses ayants cause, lança dans le public de cette pièce, qu'il disait authentique, contre la moralité politique de Blanqui, nous en restâmes stupéfiés ; nos idées en furent bouleversées, comme elles le sont à la suite du cauchemar d'un rêve [...} La réponse de Blanqui s'est fait attendre un peu trop longtemps ; Blanqui est sorti de prison exténué et incapable de soutenir un travail trop pénible. Mais enfin cette réplique a paru, et elle nous semble foudroyante, d'autant plus foudroyante que nul ne lui répond plus ».

Cette journée du 16 avril est particulièrement agitée. Dans la matinée, au Champ de Mars, sous l'égide du général de Courtais[34] se déroule une cérémonie organisée à l'occasion des élections organisées dans la garde nationale. Les rumeurs vont bon train : on prétend que Louis Blanc et Ledru-Rollin viennent d'être assassinés. On fait circuler et on commente la défense de Blanqui. Dans l'après-midi, un long cortège populaire se rend à l'Hôtel de Ville pour convaincre le gouvernement de reporter les élections. Des troupes de ligne et des brigades de la garde national parviennent à disperser les manifestants. On crie sur le passage des ouvriers « À bas les communistes ! À bas Blanqui ! À bas Raspail ! À bas Cabet ! », et les membres du gouvernement, Lamartine en tête, désavouent les grandes figures des clubs. C'est la première victoire de la réaction.

Raspail, qui rapporte les évènements de cette journée dans *L'Ami du peuple* du 20 avril, conclut, non sans ironie :

« Cette grande démonstration a été seulement une panique, un mauvais rêve de leurs Majestés Marrast, Buchez[35] et Pagnerre[36]... ».

Cependant, la fête de la fraternité, qui a lieu, le 20 avril, à l'Arc de triomphe, en présence des membres du gouvernement, est une vraie réussite qui comble de joie Raspail. Il écrit le 23 avril :

« Tous les champs de victoire de la réaction se sont bien vite évanouis en fumée : MM. les **satisfaits, pritchardistes**[37]**, guizotins et pensionnaires** de la liste civile qui avaient porté à leur avoir la démonstration ou plutôt la mystification du 16, et qui, dès le lendemain, rendaient de si touchantes actions de grâce à MM. de Lamartine, Marrast, et je crois même à M. Pagnerre, MM. les réactionnaires, dis-je, ont été moins satisfaits le 21 ».

Ce 23 avril, Raspail se présente aux élections. C'est avec enthousiasme que les français s'empressent d'aller voter pour la première fois de leur vie. Le « vote universel » qui vient d'être instauré, est un système électoral totalement inédit. Pour être électeur, il suffit d'être âgé au moins de 21 ans, d'habiter depuis six mois dans la commune et d'être un homme. Preuve de l'engouement pour ces élections le taux d'abstention est faible : 16%. Les résultats accordent une écrasant victoire aux républicains modérés. Lamartine triomphe à Paris et dans neuf autres départements.L'assemblée est composée en grande partie de bourgeois exclus de la vie politique par le régime précédent et de notables. Parmi les républicains de gauche, seuls quelques socialistes comme Louis Blanc et Albert sont élus. En revanche, la plupart des représentants de la gauche socialiste subissent une déroute : Blanqui, Cabet, Raspail sont battus. Seul Barbès est élu.

Raspail dénonce cette assemblée élue selon un type de scrutin qui lui semble tromper le peuple et refuse d'y voir une assemblée souveraine.Le 27 avril, dans un discours au *Club des Amis du peuple*, il déclare que « cette Assemblée ne devra pas s'intituler nationale mais provisoire comme le Gouvernement des manœuvres électorales duquel elle émane[38] »

Dans *L'Ami du peuple* du 30 avril, Raspail exprime son amertume face à la défaite de son camp, tout en délivrant un message d'espoir :

> « Encore une déception, encore une déception, citoyens, écrit-il. Mais de celle-ci il doit nous être bien permis de vous dire un peu complices. Si elle s'est effectuée, ce n'est pas sans faute de vous avoir avertis et par la plume dans cette feuille et par la parole dans les clubs [...] On vous

> trouve toujours divisés, dès qu'il s'agit de débattre vos plus chers intérêts [...] Ne vous alarmez pas d'un échec. Un échec n'est qu'un retard ; la République c'est le progrès et la voie du progrès est une pente où nulle puissance humaine ne saurait jamais en arrêter la course, tout au plus arriverait-on à la ralentir, et puis ensuite, est-ce que Dieu ne protège pas le France ? ».

Cet appel ne peut éteindre le feu qui couve. À Rouen, les forces de l'ordre chargent les ouvriers qui manifestent contre la suppression prévisible des ateliers nationaux. Bilan : 11 morts et 76 blessés parmi les insurgés. Ces évènements tragiques marquent la fin de cette révolution populaire et fraternelle de février 1848 qui, en dépit d'avancées politiques, n'a pas su prendre en compte la question sociale.

La manifestation du 15 mai : échec de la gauche socialiste

Depuis qu'il est au pouvoir, Lamartine refuse de porter secours aux insurgés italiens, allemands ou polonais. Cependant, la population parisienne est particulièrement sensible au sort de la Pologne.

Le 6 mai, Raspail est mandaté par le *Club des Amis du Peuple*, pour présenter devant l'Assemblée nationale une pétition dans laquelle il réclame l'envoi de l'armée française en Pologne, avec la mission de rétablir la souveraineté du pays. Une position partagée par les clubs d'extrême-gauche.

Par ailleurs, une initiative inattendue du gouvernement vient accroitre la tension entre la gauche et les modérés : une Commission exécutive élue le 10 mai (composée d'Arago, Garnier-Pagès, Marie, Lamartine, Ledru-Rollin) remplace le gouvernement provisoire constitué en février. Louis Blanc et Albert, les deux figures socialistes du gouvernement provisoire, ne figurent plus dans la nouvelle équipe. Les ministres désignés par la Commission exécutive (Crémieux, Carnot[39], Recurt[40], Bastide[41], Trélat[42], Cavaignac[43]) sont tous issus de la mouvance du *National*.

Le 12 mai, la lecture de pétitions devant l'Assemblée par les délégués des clubs est interdite par le président Buchez. Le 13, un défilé en faveur de l'intervention militaire en Pologne est organisé devant le Palais-Bourbon. Le lendemain, une affiche placardée sur les murs de Paris convoquent les citoyens pour une nouvelle manifestation le 15.

Le 14, parait l'avant dernier numéro de *L'Ami du peuple* où Raspail fait encore preuve de sa pugnacité habituelle. Il s'attaque aux « cumulards, faillis et fonctionnaires de l'Assemblée nationale ». Puis il s'en prend à une de ses « bêtes noires », le Président Buchez « généralissime irresponsable des armées de terre et de mer ».

Le même jour, dans la soirée, Raspail, dont la seule ambition est de porter à l'Assemblée sa pétition en faveur de la Pologne, recommande aux membres de son club de défiler sans armes et de se tenir à l'arrière du cortège. Blanqui et Barbès, tout aussi méfiants que Raspail, hésitent aussi à participer à la manifestation, d'autant que la Commission exécutive a mis les troupes en état d'alerte, notamment dans le jardin du Palais-Bourbon, au pont de la Concorde et aux Invalides. Mais, les trois chefs clubistes ne sont déjà plus en mesure de stopper une manifestation qu'ils ont eux-mêmes fomentée pendant plusieurs jours.

Le 15 mai, vers 10 heures du matin, environ 150000 manifestants se regroupent place de la Bastille, puis, empruntant les grands boulevards, se dirigent vers l'Assemblée. À la tête du cortège se trouve Aloysius Huber[44], l'un des principaux organisateurs, et, selon toute probabilité, un provocateur de la police. Comme Raspail le déclarera lui-même à son procès devant la Haute Cour de Bourges, c'est Huber « l'homme qui, à l'instant où il allait prononcer la dissolution de l'Assemblée, avait dans sa poche sa nomination de gouverneur du Raincy, l'ami intime de Marrast, celui qui le tenait chaque jour au courant des évènements de la journée, l'homme du gouvernement enfin ! ». C'est ce personnage douteux qui lui demande de passer à la tête du cortège [45].

> « Une fois à la tête du cortège, racontera Raspail, je commençai à ne plus me sentir à l'aise [...] C'était là de tout autres hommes que les nôtres qui ne poussaient pas un cri, pas le moindre cri, et qui semblaient même retenir leur haleine, tout préoccupés du désir de nous dépasser, et ils y ont réussi ; ce sont eux qui ont fini par prendre la tête du cortège, et le désordre qui s'en est suivi a été l'œuvre de cette foule intruse [46] ».

Aux abords du pont de la Concorde, la foule se heurte aux troupes commandées par le général de Courtais. Mais, celui-ci hésite à faire usage de la force sur le peuple désarmé. Le cortège arrive jusqu'à la grille du Palais-Bourbon sans rencontrer le moindre obstacle. Raspail, suivi par des clubistes parvient à franchir la grille ; la foule commence à envahir le bâtiment. Raspail témoignera à son procès :

> « Je montais droit par le péristyle, et là, prenant la première porte ouverte pour celle qui devait conduire à l'Assemblée, je me trouvais dans un appartement borgne, dans le huitième bureau, au milieu d'une quinzaine d'énergumènes qui cassaient les chaises, brisaient les glaces, vociféraient de toute manière en tournant sur leurs talons, occupés enfin à tailler de la besogne contre nous, pendant qu'un bataillon de gardes mobiles était échelonné sur les marches du péristyle, tranquille et bénévole spectateur de ce tapage infernal [...] Je m'adresse aux officiers groupés sous le péristyle pour leur demander main forte contre ces énergumènes et les officiers me répondent froidement : « Nous n'avons pas d'ordres ». Un bataillon tout entier échelonné sur les marches, qui n'a pas d'ordre d'arrêter, même en cas de flagrant délit, les auteurs si peu nombreux

d'un pareil désordre, cela ne signifie-t-il pas évidemment qu'il avait l'ordre de laisser faire et de laisser passer ? [47] ».

Sur l'invitation du président Buchez, Raspail est introduit dans l'hémicycle de l'Assemblée. Dans le brouhaha et la confusion, il parvient à lire la pétition du *Club des Amis du peuple*. Le tumulte est à son comble. Barbès exhorte les manifestants à se retirer pour que l'Assemblée délibère sans contrainte. Blanqui prend la parole à son tour. Très vite son discours dévie de la défense de la Pologne sur la question sociale. Ce qui lui vaut l'ovation du peuple présent dans les travées de l'Assemblée. Mais, il ne parvient pas à convaincre les manifestants de quitter les lieux.

Raspail, conscient que l'insurrection est en train de se retourner contre le peuple, se joint aux deux orateurs précédents pour réclamer l'évacuation de l'hémicycle. En vain. Incommodé par la chaleur, il s'extrait de la salle et a un malaise dans le jardin situé devant la salle des pas perdus du Palais-Bourbon.

Pendant ce temps, la situation continue à se dégrader dans l'hémicycle. Huber proclame la dissolution de l'Assemblée nationale. Barbès tente alors de faire acclamer une liste, probablement celle des membres d'un nouveau gouvernement.

Cependant, la garde nationale, appelée par Lamartine et Ledru-Rollin, cerne les abords de l'Assemblée nationale. Les conspirateurs, menacés d'y être faits prisonniers, se retirent et se transportent à l'Hôtel de Ville où Barbès et Albert proclament un nouveau gouvernement à tendance socialiste. Mais, grâce à Marrast et à son adjoint, ils sont saisis, gardés sous escorte puis mis en accusation par l'Assemblée nationale.

Revenu à lui, Raspail constate que la foule a évacué le Palais-Bourbon. Il se rend chez son fils, rue des Francs-Bourgeois-Saint-Michel (aujourd'hui rue Monsieur-le-Prince) où il espère se trouver en sécurité. Il se trompe : vers

19 h, il est arrêté par la police, comme les autres chefs de l'extrême-gauche, Blanqui et Huber. Pour la première fois depuis les journées révolutionnaires de février 1848, il existe à nouveau des prisonniers politiques.

Raspail emprisonné par la république, député de Paris

Raspail est interné au donjon de Vincennes, pièce maîtresse du château de Vincennes, ancien logis royal, puis prison d'état où ont été incarcérés, entre autres, Henri IV, Nicolas Fouquet, le Grand Condé, Latude, Mirabeau, le marquis de Sade.

En dépit des conditions précaires de sa détention, Raspail ne se laisse pas abattre. Il se remet au travail, poursuivant la rédaction de la *Revue élémentaire de Médecine et Pharmacie domestiques* où tous les sujets sont traités, à l'exception de la politique. Il a la possibilité de recevoir sa famille et de s'adonner librement à ses travaux. Pour autant le démon de la politique ne l'a pas quitté. Il est candidat à Paris aux élections complémentaires du 4 juin. À la surprise générale, Louis-Napoléon Bonaparte est non seulement élu à Paris mais aussi dans l'Yonne, en Corse et en Charente inférieure. Victor Hugo, pour ne citer que lui, est élu à l'Assemblée constituante comme représentant du département de la Seine. Mais Raspail, après sa défaite aux élections d'avril, essuie un deuxième échec : parmi les candidats présentés, il n'occupe que la quatorzième place, avec 72000 voix. En revanche, Pierre Leroux et Proudhon[48] sont élus.

La suppression des ateliers nationaux le 21 juin provoque la réaction immédiate des ouvriers parisiens qui, dès le lendemain, descendent en masse dans la rue. Le 23 juin, jusqu'à 400 barricades sont dressées dans la capitale. Le général Eugène Cavaignac, ministre de la guerre, responsable du maintien de l'ordre, engage une terrible répression, à la mesure de l'effroi qu'éprouvent les bourgeois de l'Assemblée. Monseigneur Denis Affre[49], archevêque de Paris, qui s'interpose entre les insurgés et la troupe, perd la vie sur une barricade. Au total, du 23 au 26 juin, trois jours de combats font 1600 tués dans les forces de l'ordre et 4.000 parmi les insurgés. Après l'épisode de Rouen, la République tire une deuxième fois sur le peuple. Le 28 juin, l'Assemblée exprime sa gratitude au général Cavaignac en le nommant chef du pouvoir exécutif. Un mois plus tard, elle restreint l'activité des clubs et y interdit la participation des femmes et des enfants.

Raspail, attentif aux évènements politiques, a néanmoins un autre motif d'inquiétude. À la fin du mois de juillet, Adélaïde, victime selon son époux d'un début d'empoisonnement, tombe malade. Raspail qui souhaite se rendre à son chevet, obtient l'autorisation de sortir de prison durant une heure, à condition d'être accompagné de gardiens. Indigné, il refuse. Fort heureusement, Adélaïde se rétablit et peut reprendre ses visites, trihebdomadaires qui sont aussi l'occasion d'apporter des provisions au prisonnier.

Du fond de son cachot, Raspail apprend que les associations démocratiques et les corporations ouvrières de la Seine et de Lyon présentent sa candidature pour les nouvelles élections complémentaires qui ont lieu le 17 septembre. Cette fois ci est la bonne : il est élu à Paris avec 67000 voix. Mais il n'est pas autorisé par la justice à exercer son mandat. Il se réfugie dans l'écriture, en s'attelant à la rédaction de l'*Almanach Démocratique et Social de l'Ami du peuple q*ui sera édité l'année suivante. Il écrit le 15 octobre :

> « Votre représentant, condamné provisoirement à une inactivité qu'il déplore, et privé du droit de défendre vos intérêts avec la voix, a cru qu'il était de son devoir de les défendre par la plume ».

Dans cet *Almanach*, Raspail développe les thèmes chers aux républicains socialistes qui s'emploient à faire pénétrer leur idéologie dans les milieux populaires de la ville et de la campagne. Il définit sa conception du socialisme, différente de celle que développeront Guesde ou Lénine, pour lesquels le parti constitue l'élément central du socialisme :

> « Le socialisme n'est pas un parti ; car tout parti finit par engendrer une coterie qui l'exploite, et toute coterie veut trôner [...] Le socialisme n'est pas une opinion arrêtée à tout jamais [...] Le socialisme n'est pas un système et un axiome qui roule sur un point et exclut tous les autres [...] Le socialisme n'implique pas une unité de croyance [...] Le socialisme, c'est l'étude incessante et désintéressée de tout ce qui peut servir à améliorer indéfiniment l'état moral et physique de la société humaine ».

Il met en garde les agriculteurs contre la propagande des milieux cléricaux qui dénoncent les idées progressistes :

> « Le jésuitisme, avertit-t-il, cherche à insurger les campagnes contre Paris ou contre les grandes villes manufacturières ou commerciales [...] Citoyens de la ville et citoyens de la campagne on vous divise pour vous dominer et vous mettre sous le joug de ces pères de l'ignorance et du mensonge : ouvrez les yeux sur leurs menées et expulsez-les ».

Il a également une vision très originale de l'instruction publique laquelle doit être professionnelle et étrangère à l'esprit de corps, pour éviter que les jésuites ne s'en emparent.

Raspail présidentiable

Malgré l'interdiction de siéger à l'Assemblée, Raspail n'abandonne pas la partie. Il sera candidat à la présidence de la République, une institution incluse dans la Constitution adoptée le 4 novembre - cette élection du président de la République au scrutin direct de l'ensemble des électeurs est restée une expérience démocratique unique jusqu'en 1965. La date de l'élection est fixée aux 10 et 11 décembre. Six candidats sont en lice : Cavaignac, républicain modéré, qui fait figure de favori, les frères ennemis Ledru-Rollin, démocrate socialiste et Raspail socialiste, Louis-Napoléon Bonaparte, figure de proue du courant bonapartiste dont la classe politique unanime sous-estime les capacités, Lamartine libéral et Changarnier[50], monarchiste.

La candidature de Raspail est, au dire de Samuel Hayat, « la toute première candidature faite à un niveau national au nom d'une conception socialiste et ouvrière de la République et qui s'appuie sur une mobilisation d'organisations de travailleurs. Le second trait est que cette candidature est présentée par ses promoteurs comme une candidature *impossible*, une candidature qui entend protester contre la question même qui est posée : celle du choix d'un président de la république […] on ne présente pas un candidat pour qu'il soit élu, mais pour protester contre l'institution présidentielle elle-même[51] ». C'est ainsi que le journal *Le peuple* présente la candidature de Raspail dans son manifeste électoral, rédigé par Pierre-Joseph Proudhon, comme « une protestation vivante contre le principe de la présidence[52] ». Raspail lui-même est convaincu que « la force du président, c'est la faiblesse de la république ; car il ne peut être fort qu'aux dépens de la patrie ».

Les partisans de la République démocratique et sociale du printemps 1848, et en particulier Auguste Blanqui, se rallient à la candidature de Raspail, laquelle est explicitement dirigée contre celle de Ledru-Rollin[53], impliqué directement dans la répression des journées de Juin. Raspail ne recueille que 36 920 voix, soit 0,51 % des votants, et, à la surprise générale, l'élection est remportée par Louis-Napoléon Bonaparte avec 5 millions et demi de voix.

Le procès de Bourges

En cet hiver 1848, Raspail se prépare à affronter ses juges. Dans la nuit du 4 au 5 mars 1849, on prévient les accusés de Vincennes qu'ils aient à se préparer à partir. Ils sont transférés en voiture cellulaire de Paris à Bourges où ils débarquent, sur le coup de midi, sur la place du Palais-de-Justice, au milieu d'un grand déploiement de sergents de ville.

La première audience commence le 7 mars. À midi et demi, la Haute Cour et les accusés entrent en séance. L'huissier procède à la lecture de l'acte d'accusation. Dans son numéro du 8 mars, *Le peuple* commente ainsi les chefs d'accusation formulés contre Raspail :

> « Le citoyen Raspail est celui de tous les accusés au sujet duquel le procureur général a fait le plus frais d'imagination, si l'on excepte toutefois le citoyen Louis Blanc.Cependant, l'accusation ne peut nier que le citoyen Raspail n'ait montré beaucoup de répugnance à prendre part à la manifestation du 15 mai. Il se décide cependant de s'y associer avec les membres de son club en leur recommandant le plus grand calme et l'attitude la plus pacifique ».

Le 28 mars, à la fin de longs débats où il n'a cessé de ferrailler avec ses juges réfutant point par point les faits qui lui sont reprochés, Raspail, au mieux de sa forme, prononce sa défense avec une éloquence magistrale, sans renoncer pour autant à exposer quelques-unes de ses idées politiques et sociales.

Suite à de nouvelles accusations du ministère public, il présente une deuxième défense le 1er avril. Dans un discours fleuve, il revient en détail sur le 15 mai et termine en déclarant avec panache, et non sans quelque vanité :

« Condamnez-nous mais qu'on ne nous gracie pas ; la peine nous honorera, la faveur nous humilierait ! Une injustice ne flétrit point les victimes, elle remonte droit à ses auteurs ; nous n'aurons pas à rougir de nos chaines ; que d'autres osent être aussi fiers que nous de leurs persécutions ! [...] et c'est la première fois que nous avons entendu le ministère public, essayer d'un moyen aussi contradictoire, d'obtenir un verdict de culpabilité contre des accusés de notre sorte ; la politique se montre un peu trop à découvert sous ce stratagème oratoire [...] en m'absolvant vous me remettez l'égal de tout le monde ; en me condamnant, vous m'élevez un piédestal dans le cœur de mes amis. À leurs yeux dans le cachot je serais un martyr dans la tombe un demi-dieu. Croyez-moi, opposez-vous à mon apothéose !!! [54] ».

Au bout de trois semaines, le procès prend fin. À huit heures du soir, un déploiement de force extraordinaire se produit au grand étonnement des paisibles habitants de Bourges. Ordre a été donné aux soldats de charger les armes. À 9 heures, les jurés prononcent leur verdict d'acquittement pour six détenus dont le général Courtais, et de condamnation pour tous les autres. Raspail est reconnu coupable d'attentat, mais non d'excitation à la guerre civile, et bénéficie de circonstances atténuantes. Le verdict tombe à onze heures. Les accusés écoutent en souriant le prononcé de la sentence qui condamne Barbès et Albert à la déportation, Blanqui à dix ans de détention, Sobrier[55] à sept ans, Raspail à six ans, Quentin[56] et Flotte à cinq ans de la même peine.

Incarcération à Doullens : les années difficiles

Le 5 avril, à deux heures du matin, on avertit les prisonniers de se préparer à partir. À quatre heures, on les fait monter dans une voiture cellulaire qui roule en direction des chemins de fer, au milieu d'une escorte importante de cavalerie et de gendarmerie. Arrivés au débarcadère[57] de Paris, ils sont reçus par un régiment d'infanterie qui forme la haie. La voiture est escortée par un régiment de dragons jusqu'à l'embarcadère du chemin du Nord[58]. À l'arrivée de la voiture cellulaire, la foule, qui se presse nombreuse, fait retentir l'air des cris frénétiques de Vive Raspail Vive Barbès ! Vive la république démocratique et sociale ! Les mêmes acclamations accueillent la voiture à l'embarcadère d'Amiens d'où un escadron de cuirassiers la conduit à franc étrier jusqu'aux portes de la citadelle de Doullens.

En 1659, lors du rattachement de l'Artois à la France par le Traité des Pyrénées, la citadelle, créée par François 1er à Doullens à une trentaine de kilomètres d'Amiens, a perdu son statut militaire pour se transformer en lieu de détention. Selon la description qu'en fait Raspail :

> « Le pavillon que les six condamnés de Bourges occupent, est un bâtiment quadrilatère en briques [..]. Il se compose de quatre pièces au rez-de-chaussée et de quatre autres au premier étage ; pièces mal parquetées, mal closes, et dont une moitié des murs est crépue à chaux et à sable, et l'autre couverte de planches disjointes, le tout peint en gris à la colle. Les bois du lit ont un siècle d'existence, ils s'en vont par lambeaux. Une enceinte de 23 mètres de large et de 29 mètres de long est close par un mur en briques rouges de 20 pieds de haut qui laisse ainsi autour de la maison un espace de vingt-cinq pieds où les prisonniers jardinent au moyen de l'eau qui leur arrive du ciel et du peu de soleil que la hauteur de ce mur dispute à ce climat qui n'en est pas prodigue. Ce mur d'enceinte qui barre la vue comme un sale rideau rouge fait de cette pièce une espèce de fosse aux lions, aussi obscure qu'humide [...] Et dans une aussi triste prison, les détenus ne trouvent pas même la consolation de la solitude ! L'arbitraire d'une incessante inquisition est à leurs trousses du matin au soir ; dans ce but, leurs repas sont apportés par fractions de demi-heure en demi-heure [...] quelques instants après, on vient pour vous demander vos commissions ; une demi-heure après, on

s'enquiert si vous avez des lettres à mettre à la poste, lettres que l'on a soin de décacheter au greffe, avant de les jeter dans la boite [...] L'arbitraire tient lieu de règlement[59] ».

En dépit des conditions rigoureuses de sa détention, Raspail, comme à son habitude, ne cesse pas de travailler. Il corrige une nouvelle édition du *Manuel élémentaire de la santé* et se consacre à l'observation de la faune et de la flore du lieu.

En revanche, il souffre de ne plus voire quotidiennement sa femme et ses enfants, comme c'était le cas à la prison de Versailles. Il est soumis à la décision arbitraire de l'administration pénitentiaire qui n'autorise que des visites brèves, et seulement en présence d'un gardien. Son fils Benjamin, élu député en mai par les ouvriers lyonnais, essaie en vain d'obtenir l'assouplissement de ce régime. Il n'obtient que l'augmentation du nombre de visites qui est porté à deux ou trois par semaine. Il en vient à intervenir à l'Assemblée nationale pour plaider avec fougue la cause de son père. Il déclare :

« On a enlevé à mon père les moyens de se livrer à l'étude des sciences, des sciences qui ont fait les délices et la gloire de toute sa vie. Il était donc réservé au régime actuel d'ajouter aux tortures du républicain prisonnier, les tortures de l'homme d'étude[60] ».

Alors que Raspail est en butte aux brimades de ses geôliers, les élections législatives ont lieu les 13 et 14 mai. Le parti de l'Ordre, qui regroupe les conservateurs et les légitimistes, en est le vainqueur incontesté. Il obtient 450 sièges contre 75 pour les républicains modérés et 180 pour la Montagne (républicains de gauche et socialistes).

Chef de file de la Montagne, Ledru-Rollin, de la tribune de l'Assemblée nationale, dénonce le 11 juin l'expédition militaire à Rome, déclenchée en avril sous le commandement du général Oudinot[61]. Cette opération, initialement prévue pour s'opposer à toute intervention autrichienne face aux révolutionnaires italiens, s'est transformée en une campagne contre la République romaine, visant à rétablir l'autorité du Pape et ses États pontificaux.

Ledru-Rollin propose vainement la mise en accusation des ministres et du président de la République. Les protestations de Ledru-Rollin n'ayant produit aucun effet, les Montagnards décident, le 12 juin, d'organiser une manifestation de protestation pour le lendemain. À l'issue du rassemblement, dispersé sans difficulté par le général Changarnier, des élus sont arrêtés, Ledru-Rollin réussit à échapper à la police, puis à gagner Londres pour un exil de plus de vingt ans.

La journée du 13 juin, la dernière journée révolutionnaire de la Deuxième République, est un échec total. Le président de la République, Louis-Napoléon Bonaparte, proclame : « Il est temps que les bons se rassurent et que les méchants tremblent ». L'échec de la manifestation entraîne de nouvelles mesures de répression, qui achèvent de désorganiser l'extrême gauche. Six journaux sont supprimés. Le 19 juin, une loi sur les clubs permet au gouvernement de suspendre la liberté d'association pour un an. Le 27 juillet, une « loi complémentaire » sur la presse institue de nouveaux délits, comme l'offense au président de la République. Le 9 août, enfin, une loi permet la proclamation de l'état de siège avec un minimum de formalités.

À la fin de l'année 1849, Raspail est privé, une fois de plus, de ses livres et de ses manuscrits. Ses relations avec ses codétenus, notamment Blanqui et Barbès, se dégradent, Il renonce à recevoir, sous la surveillance de deux gardiens, les nombreux malades qui le sollicitent depuis Paris et la Belgique. Il vit replié sur lui-même. Il écrit en 1850 :

> « L'année dernière, je datais l'avertissement pour la troisième édition du donjon de Vincennes ; je date l'avertissement de celle-ci de la citadelle de Doullens ; si la progression de ma torture continue, il faudra que je date l'avertissement futur de la cinquième du fond de la tombe ;

car entre l'enfer de ma captivité actuelle et celui de la mort, je ne vois plus d'intermédiaire[62] ».

Sa seule consolation reste sa famille. Il peut désormais voir plus régulièrement Xavier, son plus jeune fils, qu'Adelaïde a appelé à Doullens auprès d'elle. Il correspond avec sa fille dévouée Marie-Apolline, restée au pensionnat de madame Chevrier, près de la barrière Saint-Jacques à Paris.

Amélioration des conditions de détention

En 1850, au moment où la situation s'est aggravée pour la république de plus en plus menacée par Louis-Napoléon Bonaparte, Raspail publie l'*Almanach Démocratique et Progressif de l'Ami du Peuple*. Il en adresse la dédicace aux citoyens électeurs de Lyon qui ont porté son fils Benjamin à la députation du Rhône. On y retrouve quelque unes des idées de Proudhon qui considère « la fédération, la mutualisation, la coopération comme autant de leviers pour réaliser la révolution ici et maintenant, sans qu'une seule goutte de sang soit versée [63] ».

À l'inverse de celui de 1849, essentiellement consacré aux problèmes politiques, l'*Almanach* de 1850 aborde des sujets très divers. À côté des chapitres consacrés à l'hygiène de l'homme et de l'animal, à des conseils aux agriculteurs, on relève des constatations intéressantes sur la production et la consommation en France, sur la répartition équitable de l'impôt, ainsi qu'un projet de réforme de la constitution. L'ouvrage se termine par une longue dissertation sur la papauté où Raspail critique à la fois la vie de certains papes et leurs prétentions à l'infaillibilité.

En cette année 1850, les conditions de détention de Raspail s'améliorent. Il est autorisé à reprendre ses activités scientifiques. Dans les deux pièces de sa cellule qu'il a transformées en un véritable laboratoire, il dispose de nombreux instruments de mesure (baromètre, hygromètre, pèse-liqueur, balance) d'un microscope, d'une boussole, d'une lunette et d'une longue vue. Pour se distraire, il possède un jeu de quilles et un violon. Cerise sur le gâteau, il peut recevoir la visite d'Adélaïde et de Xavier, comme il le désire.

Ses journées sont organisées de manière rigoureuse. Ouverture des cachots à 6 heures l'été, 7 heures l'hiver, fermeture à 20 h l'hiver, 21 h l'été. Après avoir pris au réveil une tasse de café, il déjeune frugalement à 11 h et a droit le soir à un repas plus substantiel comprenant une soupe, un plat de viande, un plat de légumes, un peu de dessert. Le matin, il travaille ou s'occupe de son plus jeune fils. De midi à 13h 30, il se promène à l'intérieur les jours de pluie et jardine aux beaux jours. L'après-midi est consacré à la famille, puis se termine par une promenade ou du jardinage. Le soir, avant de se coucher à 23 h, il fait une heure de musique pour se délasser de ses études scientifiques. Au dire de ses auditeurs, c'est un fort bon exécutant.

À Paris, les conservateurs durcissent le régime. La loi du 31 mai 1850, promulguée par l'Assemblée nationale, crée une obligation de domicile de 3 ans dans la même commune ou le même canton pour pouvoir voter. Cette mesure a pour effet de restreindre le corps électoral : près d'un tiers des électeurs se trouve exclu des listes électorales, la durée de résidence étant principalement attestée par l'inscription sur le rôle de la contribution personnelle et mobilière. De ce fait, les plus pauvres, les plus dangereux pour la bourgeoisie, sont relégués à un rôle de citoyens passifs.

Chapitre VII

Le proscrit

Louis-Napoléon Bonaparte qui veut se maintenir au pouvoir, ne parvient pas à obtenir la révision de la constitution qui interdit la réélection du président de la République. Il n'a d'autre ressource que de fomenter un coup d'état.

Le matin du 2 décembre 1851, il dissout l'Assemblée nationale et le Conseil d'État, instaure l'état de siège, abroge la loi du 31 mai 1850 et rétablit le suffrage universel. Dans certains endroits, les républicains prennent les armes et marchent sur les chefs-lieux. La résistance menée à Paris ou en province par les républicains et par des membres du parti de l'Ordre non ralliés est rapidement écrasée par l'armée.

Une soixantaine de députés, parmi lesquels Victor Hugo, Pierre Leroux, Benjamin Raspail, Victor Schoelcher seront expulsés du territoire français, pour cause de sureté générale, dès le 9 janvier suivant. Une vingtaine, dont Emile de Girardin, Edgar Quinet, Thiers, les généraux Lamoricière et Changarnier, seront momentanément éloignés.

Les 20 et 21 décembre 1851, Louis-Napoléon organise un plébiscite portant sur son maintien à la présidence, et sur la délégation des pouvoirs nécessaires pour établir une constitution. Le vote massif en sa faveur (7 481 231 « OUI » contre 647 292 « NON ») lui permet de promulguer le 14 janvier 1852 une nouvelle constitution lui octroyant tous les pouvoirs et un titre de prince-président pour 10 ans.

Moins d'un an plus tard, le sénatus-consulte du 7 novembre 1852, portant modification de la constitution, rétablit la dignité impériale, Louis-Napoléon Bonaparte devenant empereur des Français sous le nom de Napoléon III.

Le décret impérial du 2 décembre 1852, qui promulgue et déclare Loi d'état le sénatus-consulte, ratifié massivement les 21 et 22 novembre par un second plébiscite (7 824 189 "OUI" contre 253 145 "NON"), installe durablement le second empire.

L'année 1853 marque le début de l'empire autoritaire qui durera jusqu'en 1860. L'empereur ne laisse pas d'initiative à ses ministres et décide seul de tout. Les libertés sont étouffées. Le souverain fait étroitement surveiller la population par la police et la presse est censurée. Le promoteur de cette politique répressive est Eugène Rouher[1], instigateur, avec Persigny[2], du décret relatif au régime de la presse. Dans l'entourage de Napoléon III, l'établissement de l'empire autoritaire compte aussi d'autres partisans dont Achille Fould[3], Pierre Jules Baroche[4], et Eugénie[5], depuis peu Impératrice des Français.

Mort de madame Raspail

Depuis l'automne 1852, Raspail est très préoccupé par le l'état de santé de son épouse qui se dégrade lentement. Avec difficulté, il a obtenu de l'administration que la malade puisse venir le voir en voiture. Adélaïde ne s'est jamais tout à fait remise de l'intoxication dont elle a été victime à Vincennes. De surcroit, elle paie le dévouement et la constance avec lesquels elle a soutenu son mari, tout au long de ses vicissitudes, assurant la charge des enfants et n'hésitant pas à déménager pour être auprès de lui, à chacune de ses incarcérations. Elle finit par s'aliter et Marie arrive de Paris pour soigner sa mère.

Adélaïde Raspail rend l'âme à Doullens le 8 mars 1853 à midi et demi dans les bras de son époux. Dans cette triste circonstance qui lui laisse au cœur une blessure inguérissable, Raspail écrit à son amie Marcelline Desbordes-Valmore[6], très affligée par la perte récente de sa fille Ondine en février, ces quelques lignes si douloureusement éloquentes :

> « Mon excellente et infortunée amie, vous m'avez appris une cruelle mort, je vous en apprends une aussi cruelle ; en fait de malheurs nous sommes quittes ; vous avez perdu un ange ; j'ai perdu une martyre. Madame Raspail vient d'expirer.
>
> On écrit beaucoup de vies de saintes ; si cette âme angélique avait eu la moindre superstition, elle serait un jour canonisée[7] ».

L'inhumation d'Adélaïde a lieu à Paris cinq jours plus tard. Passant outre à son chagrin, l'administration pénitentiaire interdit à Raspail d'assister à l'enterrement. Plus de cent mille personnes, de toute condition, suivent le cercueil de la défunte de la rue Monsieur-le-Prince jusqu'au cimetière du Père-Lachaise, honorant, à travers l'épouse, le médecin des pauvres et le prisonnier politique.

En 1854, Raspail décrira le dernier adieu à son épouse comme s'il avait assisté lui-même aux funérailles :

> « Quel plus beau panégyrique que cette grande émotion de toute une ville de trente millions d'âmes ; que ce cortège improvisé de cinquante mille citoyens de toute opinion et de tout âge défilant en face du soleil, la tête nue, dans le silence des larmes et du recueillement, à travers une haie de cent mille autres qui se découvraient au passage d'une modeste et une simple fille du peuple que l'on portait en sa tombe, en jonchant la route de fleurs ! Que de bonnes mères, que d'épouses dévouées, le souvenir d'une telle apothéose prépare à la grande ville, où elle et moi, nous avons tant souffert[8] »

Bannissement en Belgique

Le 23 avril 1853, moins de deux mois après le décès de madame Raspail, le gouvernement profite de cette triste circonstance pour transformer en bannissement les deux années de prison qui restent encore à faire à Raspail. Cet acte de prétendue clémence n'est qu'une aggravation de peine, car, les deux ans écoulés, Raspail aurait pu rester en France, alors que, par le bannissement, on l'éloigne de la patrie pour un temps indéfini.

Malgré ses protestations, Raspail est conduit à la frontière belge, accompagné de sa fille et de son plus jeune fils, Xavier, qui sont maintenant autorisés à séjourner auprès de lui, depuis la mort de leur mère. Tous les trois arrivent à Ixelles, près de Bruxelles, où se trouve déjà son fils aîné, Benjamin, frappé d'expulsion par le décret du 9 janvier 1852.

Mais, le gouvernement du roi Léopold 1er[9] ne voit guère d'un bon œil l'arrivée massive des proscrits républicains présentés comme des dangereux agitateurs. Pour complaire à Napoléon III, il obtient du souverain un décret d'expulsion contre Raspail. Celui-ci, sur le point d'être renvoyé de Belgique, est sauvé par l'intervention de l'un de ses anciens élèves à l'institution Stadler, le comte Vilain XIIII, président de la Chambre des députés, qui vient, en toute hâte, chercher son ancien maitre avec sa voiture et l'installe dans son hôtel. Puis, se rendant auprès du roi, le comte lui fait valoir que le domicile du président du Corps législatif est inviolable et que désormais Raspail est son hôte. Le décret d'expulsion est rapporté.

Raspail s'installe à Boistfort, petit bourg enclavé dans la forêt de Soignes, situé à quelques kilomètres au sud de Bruxelles. Là, au milieu des champs et des jardins, il connait l'apaisement. Il retrouve une vie de famille auprès de Benjamin, de Xavier et de Marie-Apolline qui ne le quittera plus. Il s'empresse d'honorer la mémoire d'Adélaïde, en lui faisant élever un monument funéraire au Père-Lachaise. Camille, son second fils, qui poursuit des études de médecine à Paris, lui sert d'intermédiaire. Le tombeau est l'œuvre du sculpteur Antoine Etex. D'une imposante grandeur, il représente une femme voilée de son linceul, qui se retient de la main aux barreaux du cachot où pleure le captif.

En 1857, le proscrit se fixe à Stalle-sous-Uccle où il restera jusqu'à son retour en France, en 1862. Il y reçoit des populations l'accueil le plus touchant et les marques les plus délicates de la vénération qu'elles éprouvent pour le grand homme chassé de sa patrie.

La veille de son départ de Boistfort, L'*Harmonie* du village vient donner un concert en son honneur. Le lendemain, toute la population, avec à sa tête le bourgmestre, entouré de son conseil municipal, accompagne la voiture de l'hôte illustre jusqu'aux limites du territoire.

Raspail n'est pas au bout de ses surprises. À peine est-il arrivé dans sa nouvelle résidence de Stalle-sous-Uccle que, tout à coup, sous ses fenêtres, au milieu de toute la population rassemblée, la *Grande Harmonie instrumentale* d'Uccle, un ensemble réputé en Belgique, exécute avec brio un de ses morceaux favoris. La porte est ouverte à deux battants, et le bourgmestre, entouré de ses échevins, de son conseil, du commissaire de police, du médecin de la commune qui sera par la suite son meilleur ami, souhaite la bienvenue au proscrit en des termes qui témoignent de la renommée du savant et de l'humaniste, bien au-delà de sa patrie. Il proclame :

> « Monsieur,
>
> L'Europe entière a célébré les louanges de l'homme de génie qui consacre ses études et ses découvertes au soulagement de l'humanité. Fiers de le posséder, les habitants de la commune d'Uccle sont heureux de lui présenter à leur tour un tribut d'hommage et d'admiration.

Aussi, Monsieur, interprète fidèle des sentiments qui animent nos concitoyens, nous venons aujourd'hui vous offrir en leur nom ce bouquet, faible témoignage de dévouement et de reconnaissance.

Puisse-t-il vous prouver que sur la terre de l'exil, vous avez rencontré des cœurs pour vous comprendre ! Puisse-t-il rappeler quelquefois à votre souvenir des amis sincères et dévoués ! car pour nous, nous répèterons à jamais : Vive Raspail ! Honneur au savant dont les découvertes promettent une ère nouvelle aux sciences médicales !

Le bourgmestre
Dr. A. Vander Kindere
Uccle, le 15 juin 1857 10 ».

Le lendemain 16, la *Société des Amis* de Boistfort lui confère le titre de président d'honneur. Raspail ne peut dissimuler son émotion :

« Je crois rêver, écrira-t-il, mais faire un de ces bienheureux rêves qui, depuis bien longtemps, ne m'arrivaient plus par la porte vraie. Mes chaines, les murs de mes cachots, les vociférations de mort ou d'insultes pires que la mort, toutes ces mille pierres d'achoppement qui semblaient chaque fois me jeter dans l'abime ; toutes ces ronces à longues épines, dont j'ai passé quarante-deux ans de ma vie à déblayer,une à une, mon chemin, tous ces souvenirs d'amertume enfin, au sein desquels se perdent, comme dans un immense océan, quelques rares souvenirs de bonheur, voilà que sur la terre d'exil, ces mille ombres de ma mémoire viennent s'évanouir au milieu des flots d'harmonie !Et qu'ai-je fait pour mériter cette nouvelle phase de ma vie ? Pas la millionième partie du dévouement qui m'a valu, en France, ma patrie toujours chère quand même, quarante-deux ans de poignantes douleurs[11] ».

C'est sous l'impression de ces inoubliables manifestations que Raspail fait construire avec des grés ferrugineux du Brabant, dans la cour de son habitation de Stalle-sous-Uccle, un monumental vase rustique destiné à recevoir le superbe laurier que les habitants de Boistfort lui ont offert en souvenir de son séjour dans la commune. Il grave de sa main sur le socle du réceptacle cette inscription éloquente : « *In patria carcer laurus in exilio* » (« La prison dans la patrie, les lauriers dans l'exil »).

Dès 1854, Raspail a fait savoir que les patients peuvent venir le consulter à Boistfort, à la condition de n'être pas belge :

> « Venez me voir dans mon exil, les invite-t-il, vous serez tous les bienvenus, pourvu que vous ne soyez pas citoyens belges [...] La condition sine qua non que l'on a imposée à mon séjour dans ce pays, c'est que je ne donnerais mes soins à aucun malade belge. Que voulez-vous ? dans tous les pays du monde, la médecine diplômée exige qu'il me soit défendu de soigner, j'allais dire de guérir [12] ».

Les consultations ont lieu deux fois par semaine d'abord à Boistfort puis à Stalle. Raspail fournit des informations pratiques aux visiteurs qui viennent de l'étranger :

> « Comme par le passé, les dimanches et lundis seulement, et à l'exception des autres jours de la semaine, je reçois, de deux à cinq heures, les malades munis de passeports ou de simples certificats légalisés constatant qu'ils sont domiciliés ailleurs qu'en Belgique. Des omnibus, dont le bureau se trouve au centre de Bruxelles, à l'enseigne du Duc Jean, rue de la Puterie, font quatre fois par jour le trajet de l'une à l'autre station [13] ».

Ces consultations connaissent un franc succès. Raspail rapporte :

> « J'ai vu accourir auprès de moi, en moyenne, trente malades et souvent jusqu'à soixante, de tous les pays étrangers à celui que j'habitais, de toutes les conditions, de toutes les opinions politiques, de toutes les croyances religieuses, même de celles qui, depuis bientôt cinquante ans ne cessent de crier à tous les Pilates à qui j'ai eu à faire : À bas ! À bas ! à la lanterne !!! Tolle, tolle ! crucifige eum ! [14] ».

Néanmoins, au début de son séjour, Raspail traite aussi des patients belges, membres de l'aristocratie ou de la finance, qui lui sont adressés par son protecteur le comte Vilain XIIII. Conformément à ses principes, les honoraires que lui rapportent ces consultations sont répartis, par les soins du bourgmestre, parmi les familles nécessiteuses de Boistfort. Mais, il sera très vite contraint de cesser cette pratique, considérée comme illégale, sous la pression des médecins belges qui ont porté plainte contre lui auprès de la commission médicale de la province de Bruxelles.

Partageant son temps entre son travail éditorial et ses consultations, Raspail s'astreint à un emploi du temps rigoureux. De 6 h du matin à midi, il se consacre à la rédaction de *La revue complémentaire des sciences*. Après avoir déjeuné à midi, il se livre à des exercices physiques ou à des activités de jardinage. De 14 h à 17 h, il reçoit ses patients puis fait une pause jusqu'à 18 h 30, heure à laquelle il prend une collation. De 20 h à 23 h, il dort avant de reprendre jusqu'à 3 h du matin sa besogne sur *La revue complémentaire*.

Pour se distraire des travaux et des soins, le reclus s'intéresse à l'activité de son fils Benjamin qui devient un peintre estimé. Celui-ci, collectionneur et restaurateur de tableaux, l'initie aux charmes des vieux maîtres néerlandais. Cependant, nostalgique de l'éclat de la lumière dans sa Provence natale, Raspail est peu sensible à l'art des paysagistes hollandais qui représentent le plus souvent le ciel encombré de volumineux amas nuageux, projetant une lumière particulière. Epris d'une certaine sobriété, il n'apprécie pas plus le style baroque de la peinture flamande. Il notera plus tard :

> « Trois Bruegel découverts par mon fils dans quelque grenier me touchaient moins que ce bout de paysage dont Van Dyck orne ses toiles, comme pour rappeler que l'homme ne vit que dans la nature. Une grosse femme de Rubens me choquait. Mes gouts étaient restés fidèles à la matité provençale. Les ciels hollandais roulent trop de nuages

> menaçants ; je leur opposais le souvenir de mon pays blond et bleu ; j'étais un proscrit [15] ».

L'exil de François-Vincent est adouci par le réconfort que lui apporte la présence des siens. Avec les visites fréquentes d'Emile et de Camille, la famille se retrouve souvent au grand complet. Les nombreux journaux que lui transmettent ses fils, comme par exemple *Le Moniteur Universel,* chargé notamment de la transcription des débats parlementaires, lui permettent de se tenir au courant de l'actualité politique en France.

Raspail reçoit également la visite de son vieil ami de Kersausie, « compagnon d'armes depuis 1829 », qui a participé à l'action de Garibaldi[16] et qui s'apprête à partir pour les Etats-Unis.

Il entretient une relation épistolaire soutenue avec Marcelline Desbordes-Valmore auprès de laquelle il peut s'épancher tendrement. Sainte-Beuve[17] témoigne :

> « À côté de Lamartine et non pas au-dessous, nous plaçons une autre liaison bien chère et plus intime, toute profonde, et qui avait sa racine dans les sentiments humains, plébéiens et véritablement fraternels ; c'est ainsi que je caractérise le mutuel attachement de Mme Valmore et de M. Raspail, celui qu'elle appelait « bon Socrate » - « bon et sublime prisonnier » - « charmant stoïque », celui à qui elle dédiait la pièce miséricordieuse les Prisons et les Prières du dernier recueil. Les passages de correspondance que j'ai à donner en diront plus que toutes les paroles sur cette noble et généreuse amitié,qui s'était affermie dans les épreuves et avait grandi dans l'absence[18] ».

Le célèbre critique littéraire ajoute plus loin :

> « Il est touchant de rencontrer dans cette correspondance, et sous la plume de l'exilé, tout un hymne patriotique et lyrique à la France conçue et embrassée par un cœur de fils et de citoyen[19] ».

La mort de Marcelline Desbordes-Valmore, survenue en juillet 1859 à l'âge de soixante-treize ans, afflige profondément Raspail. Comme le rapporte Sainte-Beuve, celui-ci écrit cinq jours après au fils de la chère défunte une lettre pathétique et grave dont voici un extrait :

> « Monsieur, j'ai lu et relu, les yeux remplis de larmes, votre pieuse lettre ; c'est le dernier adieu que votre illustre mère vous a chargé de me transmettre, vous le légataire universel de ses souvenirs, de ses affections et de ses grandes qualités. Vous êtes, monsieur, le fils d'un ange. La patrie des lettres et de la poésie n'en produit que bien rarement de tels [...] Elle a été plus qu'une muse, elle n'a jamais cessé d'être la bonne fée de la poésie, et dans mes nombreux souvenirs de cœur, mon titre le plus doux est d'avoir conservé sa sympathie qui m'a suivi à travers tous mes barreaux [...] Vous avez été bercé par la poésie, vous avez été élevé par une muse que j'appelais la dixième, la muse de la vertu. Restez, monsieur, le culte vivant de sa mémoire : les lettres ont plus que jamais besoin qu'on leur rappelle souvent de ces beaux souvenirs [20] ».

Durant son exil, au-delà du cercle familial et de la présence épisodique de quelques amis chers, Raspail entretient des relations suivies avec des personnalités en vue. Les familiers de sa maison qu'il se plait à réunir à sa table témoignent de son éclectisme dans le choix de ses invités. On peut y rencontrer le comte Vilain XIIII, bien sûr, mais aussi Charles de Brouckère[21], ministre de l'intérieur et bourgmestre de Bruxelles, le général Chazal[22], ministre de la Guerre qui a bénéficié des soins de Raspail à la suite d'un grave accident de chemin de fer, des aristocrates belges de vielle souche, le comte et la comtesse de Marneffe, la famille de Marnix dont le chef, le comte de Marnix, est sénateur et ministre de la guerre, le grand banquier Oppenheim[23] et sa famille, Monsieur Pesez, négocient en soieries de Bruxelles et amateur d'art éclairé et enfin le Dr. De Preter qui est devenu le meilleur et le plus dévoué des amis.

Nouvelles publications scientifiques

Comme le rapportera un autre proscrit, Amédée Saint-Ferréol, Raspail « donnait aux travaux scientifiques les heures que la politique ne pouvait plus lui prendre [24] ».

En 1854, il publie *Le fermier vétérinaire* près de dix ans après la première édition du *Manuel annuaire de la santé*. Ce petit livre a pour but d'apprendre aux fermiers, aux bergers, éleveurs et propriétaires d'animaux domestiques,à se passer du concours du vétérinaire dans les circonstances analogues à celles où le *Manuel annuaire de la santé* voulait apprendre à chacun à se passer du médecin. Il écrira plus tard dans l'avertissement à la seconde édition :

> « Je me crois donc en droit de présager que cette seconde édition [...] apprendra, encore mieux que la première, à être bon envers les bêtes, afin de les rendre moins méchantes ; car chez les bêtes comme chez les gens, le méchant, c'est un malade[25] ».

La même année, il commence la publication mensuelle de la *Revue complémentaire des sciences appliquées à la médecine et à la pharmacie, à l'agriculture, aux arts et à l'industrie,* qu'il poursuivra, sans interruption, jusqu'en 1860. Chaque numéro, qui parait rigoureusement le 1er du mois, comprend deux feuilles rédigées de sa propre main, constituant, pour cette période de six années, une œuvre aussi vaste que variée.

Ce recueil contient une série d'études, couvrant les domaines les plus divers, qui témoignent du savoir encyclopédique de l'auteur. On y trouve, détaille Raphael Blanchard[26] :

> « Des discussions approfondies sur différents points de la théorie et de la pratique de la nouvelle méthode médicale, l'exposition complète du nouveau système de météorologie, la solution de problèmes de chimie, de physique du globe, d'astronomie et de mathématiques, de nombreux cours d'initiation aux sciences fondés sur des idées et

expériences nouvelles,anatomie, chimie et physique ; mathématiques et météorologie appliquées à l'agriculture ; géologie appliquée à l'histoire ; botanique, fabrication de la bière ; entomologie morbipare ; origine de la musique réglée ; ornithologie musicale ; études archéologiques, sur Guy Patin, J. Liébault, Charles Etienne et Olivier de Serres, Louis XIII, Richelieu et le père Joseph, Mazarin et Anne d'Autriche, Louis XIV et le masque de fer, J.J. Rousseau et Voltaire, Thomas Brown, auteur de la religion du médecin, Rabelais, Eugène Sue, Clément XIV et les jésuites, etc.. [27] ».

Raspail s'occupe également de la réédition de ses ouvrages sur la médecine. Le *Manuel annuaire de la santé* devient *L'annuaire de la santé*. Il prépare également la troisième édition de l'*Histoire naturelle de la santé et de la maladie.* Ces livres, exempts de toute considération politique, connaissent une large diffusion en France.

L'entreprise Raspail

Bien que Raspail soit tenu éloigné de sa patrie, ses affaires à Paris ne cessent de se développer. Trois autres de ses fils qui forment un clan soudé, animé d'une solidarité indéfectible, veillent jalousement aux intérêts du chef de famille.Emile, devenu ingénieur chimiste en 1856, après avoir achevé ses études à l'École centrale, ouvre, deux ans plus tard, la *Pharmacie complémentaire de la méthode Raspail,* 14, rue du Temple à Paris. L'officine est destinée à vendre les produits fabriqués par son père, et, aussi, à lutter contre les contrefaçons proposées par des apothicaires peu scrupuleux. La pharmacie sera convertie en *Maison Raspail pour la droguerie* en 1861, après une plainte déposée contre Emile pour exercice illégal de la pharmacie. C'est à cette même adresse, 14, rue du Temple, que sera domiciliée à partir de 1860, la maison d'édition *Chez l'éditeur des ouvrages de M. Raspail*, animée par le dernier de la fratrie,

Xavier Raspail. De la sorte, la méthode Raspail deviendra une véritable entreprise familiale : Camille, devenu médecin en 1857 et exerçant à Paris, l'utilisera dans sa pratique médicale, Emile la commercialisera et Xavier assurera la diffusion des ouvrages paternels.

Amnistie des prisonniers politiques

La seconde guerre d'indépendance italienne débute fin avril 1859, lors de l'invasion autrichienne du Piémont. La campagne va durer deux mois et demi. Elle voit s'affronter les troupes françaises sous la conduite de Napoléon III alliées à celles du Royaume de Sardaigne et les forces armées de l'Empire d'Autriche. Elle est marquée par une série de victoires de l'armée française : Turbigo, Magenta, Melegnano, et notamment Solférino. Alors que l'armistice est signé le 12 juillet à Villafranca et la paix de Zurich les 10 et 11 novembre, ce n'est que le 24 mars 1860 que le traité de Turin ratifié par le Piémont donne à la France la Savoie et le comté de Nice, des compensations territoriales dont Napoléon III a besoin pour justifier la guerre entreprise auprès de son opinion publique.

En France, l'amnistie générale est décrétée par l'empereur le 16 août 1859, au retour de la campagne d'Italie. L'article premier du décret stipule :

> « Amnistie pleine et entière est accordée à tous les individus qui ont été condamnés pour crimes et délits politiques, ou qui ont été l'objet de mesures de sûreté générale ».

Pourtant, Raspail ne rentre pas en France. Il appartient alors au carré des républicains irréductibles, comme Victor Hugo[28], Louis Blanc, Edgar Quinet[29], Ledru-Rollin qui ne regagneront le territoire national qu'après la chute de l'empire en 1870. Fidèle à ses principes, Raspail refuse fièrement le geste de l'empereur. Il décide de rester en Belgique, faisant sienne l'opinion de l'auteur des *Châtiments* qui ne cesse de vilipender Napoléon III depuis Guernesey, où il est exilé, et qui écrit dans le *Moniteur*, le 19 août 1859, soit 3 jours après la publication du décret d'amnistie :

> « Le coupable pardonne aux innocents, le bandit réhabilite les justes, le violateur des lois fait grâce aux défenseurs des lois ; c'est bien.
>
> Je laisse l'Europe applaudir l'amnistie sur la joue de la justice et de la vérité.
>
> À une certaine profondeur de dédain il semble qu'il n'est plus de possible que le silence.
>
> Le proscrit de Décembre doit à l'Empire l'implacable guerre de la justice. Quand cette guerre finira-t-elle ? à la fin de l'empire ou à la mort du proscrit.
>
> J'entends rester libre.
>
> Et je veux rester combattant.
>
> L'erreur du malheureux qui a aujourd'hui le succès et qui gouverne ce qu'il nomme l'empire, c'est de croire qu'il a proscrit des hommes ; il a proscrit le droit ; Il n'a pas expulsé tel ou tel représentant du peuple, il a expulsé la justice ; il n'a pas banni tel ou tel citoyen, il a banni la liberté. Il a frappé d'ostracisme les idées, la raison, le progrès, la lumière ; et l'on pourrait dire que ce qu'il a exilé de la France, c'est la France même.
>
> Le jour où tout cela rentrera, nous rentrerons. Quant à la chose appelée amnistie par ces hommes, qu'il nous soit permis de passer sous silence cette effronterie[30] ».

Toutefois, Raspail caresse un projet qui le pousse aussi probablement à rester en Belgique. Il s'agit de créer un Collège de France à l'étranger. Victor Hugo en serait le recteur, Edgar Quinet le doyen. Le général Juchault de La Moricière[31] y aurait enseigné l'art militaire, Arago[32] le théâtre, Dufraisse[33] le droit, Emile Deschanel[34] la littérature, Challemel-Lacour[35] la philosophie. Et, bien sûr, Raspail prendrait en charge la médecine. Malheureusement, cette université d'expatriés ne verra jamais le jour.

En 1861, Raspail a soixante -sept ans. Il a des ennuis de santé et cesse de recevoir des patients qu'il oriente vers son fils Camille. L'année suivante, surmontant ses rancœurs politiques, il juge qu'il est temps pour lui de regagner la France.

Chapitre VIII

Le rebelle irréductible

Quand Raspail rentre en France le 27 mai 1862, Paris ne ressemble plus à la ville qu'il a connue avant son départ en exil. De 1854 à 1858, Haussmann[1] a mis à profit la période la plus autoritaire du règne de Napoléon III pour transformer le centre de la capitale, en y perçant une croisée gigantesque. La construction de l'axe nord-sud, du boulevard de Sébastopol au boulevard Saint-Michel, a fait disparaître de la carte de nombreuses ruelles et impasses. Cet axe forme une grande croisée au niveau du Châtelet avec la rue de Rivoli qui, tracée initialement par Napoléon 1er le long des Tuileries, est prolongée sous le Second Empire jusqu'à la rue Saint-Antoine.

Au même moment, Baltard[2] et Callet[3], reprenant le projet de Rambuteau[4], ont aménagé les Halles, tandis que l'Île de la Cité a été en grande partie rasée et réaménagée. Ses ponts ont été reconstruits ou ont fait l'objet de travaux importants. Afin de relier les Halles centrales de Paris à la place du Châtelet, la rue des Halles a été percée en 1854.

La même année, les premiers travaux ont commencé sur la rive gauche. Le percement de la rue des Écoles jusqu'à la rue des Fossés-Saint-Bernard, déjà projeté avant l'entrée en fonction du préfet Haussmann, permet désormais une meilleure desserte du quartier latin et de ses collèges.

Comme le paysage urbain, le paysage politique s'est aussi profondément modifié, notamment dans le camp républicain. À l'exception de Blanqui qui, entre deux séjours en prison, se réfugie dans la clandestinité pour fomenter d'improbables insurrections, tous les compagnons de 1848 ont quitté la scène. Etienne Cabet est mort en 1858 à Saint-Louis en Amérique du nord, et Louis Blanc, Barbès, Ledru-Rollin sont toujours en exil.

Les élections législatives du 31 mai 1863, qui interviennent dans un contexte marqué par des difficultés économiques, donnent 250 sièges aux bonapartistes, 15 sièges aux légitimistes et 17 aux républicains. Pour Raspail, la minorité républicaine est aussi vendue que la majorité. Adolphe Thiers[5] qu'il exècre particulièrement, le qualifiant de « bâtard qui a pour père putatif un forçat libéré et pour mère une harengère de Marseille », Jules Fabre[6], Emile Ollivier[7], Jules Simon[8], entre autres, sont élus sous l'étiquette républicaine. De nouvelles étoiles montantes, comme Léon Gambetta[9], Jules Ferry[10], brillent au firmament de la république.

Les élections sont suivies d'un important remaniement ministériel. Les réformistes menés par le duc de Morny[11] l'emportent sur les tenants de l'Empire autoritaire. Eugène Rouher[12] devient l'homme fort du gouvernement. Persigny est démis du ministère de l'intérieur, remplacé par Paul Boudet[13], un avocat anticlérical, protestant et franc-maçon, tandis qu'un industriel saint-simonien, Armand Béhic[14], devient ministre de l'agriculture et que Victor Duruy[15], un historien libéral, reprend le ministère de l'instruction publique.

Après cinq ans d'emprisonnement et neuf ans d'exil, Raspail a du mal à se faire à ces changements :

> « Quel ennuyeux personnage que le pauvre proscrit de retour dans sa patrie, écrira-t-il. Lui qui, chaque matin, se morfondait à tenir les yeux fixés sur le rivage et à flairer comme un baume l'air que la brise lui apportait du pays natal. Son retour est comme une mauvaise chance, son

image un vieux souvenir et le salut qu'il vous fait un mauvais présage. Tout a changé. Il est resté le même. Son apparition dérange : de loin on l'aimait, que n'est-il resté lointain[16] ».

La dernière halte

À son retour de l'exil, Raspail s'installe à Arcueil-Cachan, rue des Deux Parcs, dans une vaste demeure bourgeoise acquise par ses enfants en 1861. C'est là qu'il va demeurer jusqu'à la fin de ses jours.

Habitué jusqu'alors à vivre dans un logement exigu où s'entassait sa famille, il jouit, pour la première fois de sa vie, de l'espace et d'un grand confort. La maison est à dix minutes de Paris par le chemin de fer. Chaque fois qu'il se rend dans la capitale, il fait une halte empreinte de nostalgie à Montsouris où il a habité dans les années 1840.

La demeure, décorée dans le style du Second Empire, se compose de deux étages carrés. Une cour irrégulière mène à l'entrée du bâtiment. Au rez-de-chaussée se trouve à droite l'accès à une grande bibliothèque conduisant au cabinet de travail ; à gauche une longue galerie à laquelle font suite un petit salon et une grande pièce ceinte de boiseries blanches. L'étage est réservé aux chambres. Un parc s'étend sur trois arpents, avec en son centre une belle pelouse et plus loin une allée de tilleuls. C'est dans cette habitation que Raspail, bibliophile éclairé, réunira une belle collection de 2500 volumes, comprenant surtout des livres d'histoire et de science.

L'opposant politique jusque-là irréductible vit retiré dans sa propriété, entretenant des relations étroites avec ses proches. Marie-Apolline, toujours aussi dévouée, vit auprès de lui. Benjamin, qui n'a quitté la Belgique qu'en 1863, a pris la direction de la maison d'édition familiale. Camille et Emile assurent la diffusion des ouvrages paternels. Raspail donne des consultations à quelques malades privilégiés, ajoutant de temps à autre un ouvrage à ses ouvrages déjà si nombreux.

Il s'occupe également de la collection de tableaux qu'il a commencée en Belgique. Il est convaincu qu'il est possible d'authentifier les œuvres des grands maîtres en les examinant à la loupe ou avec un microscope approprié. Car, selon lui, chaque peintre ayant son coup de pinceau particulier, on peut ainsi démasquer les faussaires. La collection comprend, entre autres, des œuvres de Van Dyck, de Rubens, de Van de Velde et de trois Breughel.

Raspail est lui-même un dessinateur de talent. Une partie des planches de ses ouvrages, notamment celles de son *Nouveau système de chimie organique*, ont été dessinées par lui et témoignent, de l'avis des experts, d'une grande qualité d'exécution. Il est aussi un musicien accompli. Dans ses moments de détente, il interprète au violon des morceaux de Beethoven, son compositeur favori.

Ainsi, l'hôte d'Arcueil aurait tout pour être heureux. Pourtant, la proximité d'un couvent de dominicains vient troubler sa sérénité, alimentant son anti-jésuitisme maladif. Il assimile les religieux à des « affidés de Loyola, des larrons et de vrais soudards déguisés » qu'il soupçonne de soudoyer ses domestiques pour l'espionner. Il perdra même un procès intenté par ces derniers mécontents d'avoir été congédiés. Une nouvelle occasion pour lui de déplorer la partialité de la justice à son égard.

Le testament de Raspail

En 1867, Raspail est âgé de 73 ans. Il considère qu'il est temps pour lui de rédiger son testament. Grâce à la vente de ses livres et la commercialisation de sa méthode par ses enfants, il a acquis sur le tard une certaine prospérité. Dans un acte en date du 1er juin 1867, il procède au partage de sa fortune entre ses héritiers. Son patrimoine se compose de la demeure d'Arcueil avec ses dépendances, son parc et la maison servant d'atelier d'art et de résidence à Benjamin, d'une terre de labour, d'une maison, rue Carnot à Paris, occupée par Camille, du fond de librairie concernant les ouvrages vendus par la maison d'édition Raspail, de sa bibliothèque et de sa galerie de tableaux. S'y ajoutent 140000 francs hypothéqués au nom de la famille à 5% sur différents immeubles, 20000 francs placés au nom de Benjamin à Bruxelles et 15000 francs investis dans les bons du Trésor.

C'est aussi pour lui le moment de dresser le bilan de son long et tumultueux parcours durant lequel, assure-t-il, il a su rester fidèle à ses convictions :

> « À part quelques légers et bien courts enfantillages de ma jeunesse, il est peu de mes actions que je n'ai à regretter. Je n'ai porté préjudice à personne ; j'ai enrichi bien des ingrats. J'ai été spolié par bien des fourbes [...] Aucun de mes actes n'a jamais failli à mes convictions et aucune des religions existantes n'a obtenu de ma part la moindre marque d'adhésion[17] ».

Dans le même document, il affirme son désir d'être enterré aux cotés de sa femme et refuse que tout discours soit prononcé sur sa tombe. Il recommande également à ses enfants la résignation et la concorde et les exhorte à ne se laisser « entraîner à aucun luxe dans aucun parti autre que celui du progrès pacifique et universel ».

Pourtant, le vieux lutteur, épris de justice sociale, ne peut s'empêcher de déplorer la façon dont le monde a évolué autour de lui :

> « La terre chôme, l'industrie éteint, écrit-il, le commerce contremande, l'art rétrograde, le goût se perd à ajuster, le luxe de la débauche insulte aux haillons de la vertu, l'arrogance du débiteur oisif à la ruine du créancier laborieux ; on se barricade contre le fanatisme qui rôde ou le

fanatisme qui rugit ; la misère fait taire la nature ; le besoin rompt tous les liens de la sociabilité[18] ».

Pour autant va-t-il abandonner définitivement le combat politique ?

L'activité éditoriale de Raspail durant la décennie 1860-1869

Durant les sept années qui suivent sa rentrée en France, Raspail ne cesse de travailler. Les écrits qui paraissent durant cette période font montre, une fois de plus, de l'éclectisme de leur auteur.

En 1863, il publie à Paris et à Bruxelles *Appel urgent au concours des hommes éclairés de toutes les professions contre les empoisonnements industriels ou autres*. Le message de l'auteur se trouve tout entier résumé dans cette épigraphe : *Salus populi suprema lex esto* (Que la salubrité publique prime toutes les autres lois).

Pour démontrer l'impact de l'environnement sur la santé, Raspail part du cas clinique d'un homme tombé malade après avoir ingéré des grumeaux de camphre. Il en recherche la cause :

> « Je venais appendre, explique-t-il, que, dans certaines localités, on raffinait le camphre, ainsi que d'autres substances alimentaires et médicinales, côte à côte de la fabrication du sublimé corrosif et des sels arsenicaux[...] Il parait en effet que la concurrence a rendu les profits du raffinage du camphre si minimes, pour qui n'a que cette corde à son arc, que, dans bien des endroits, on a associé l'exploitation de ce produit avec la fabrication de sels si délétères de mercure et d'arsenic[19]».

Il se dit même « humilié, autant que devrait l'être le coupable du fait, pour n'avoir pas songé à une culpabilité semblable, pour avoir eu de mon pauvre siècle une idée trop avantageuse, et ne l'avoir pas soupçonné d'un pareil méfait[20] ».

Il stigmatise non seulement les effets néfastes de l'industrie sur la santé mais aussi le mercantilisme des professions de santé qui leur est étroitement lié :

> « Et l'industrie ramène ainsi avec éclat les époques les plus funestes à la santé publique, mais les plus florissantes pour le commerce de la médecine, de la pharmacie, de la fabrication paroissiale et de l'administration des funèbres convois[21] ».

Il exhorte ses concitoyens à s'unir pour protéger leur santé :

> « Et vous n'avez aucune association, rappelle-t-il, qui ait pour but de travailler à protéger la santé de vos semblables et la vôtre en particulier contre les causes d'insalubrité publique qui se multiplient au gré de l'insouciance, de la cupidité, et souvent, il faut bien le dire, au profit de la malveillance[22] ».

Il définit clairement l'objectif primordial d'une telle association :

> « Le but essentiel de cette société nouvelle est de bannir, du commerce et de l'industrie, tout contact entre la fabrication de substances alimentaires et médicinales d'un côté et de l'autre entre la fabrication des substances vénéneuses indispensables aux arts et aux divers métiers[23] ».

Il prodigue ses conseils sur son mode de fonctionnement. Ainsi, il recommande d'organiser une association par département, une section par arrondissement ou par circonscription et de créer un bulletin mensuel ou hebdomadaire, dépositaire des « observations à soumettre et des résultats obtenus » Et, éducation des citoyens oblige, chaque dimanche des conférences seraient organisées sur l'application de la chimie et de la physique, de l'économie publique ou domestique, à l'amélioration de l'état sanitaire de l'homme et des animaux.

Abordant enfin le problème de l'implantation des sites industriels qui reste préoccupant, en dépit du décret napoléonien de 1810 soumettant les manufactures polluantes à autorisation, il préconise :

> « Le soin qui doit occuper en premier lieu la société et être comme le pivot de toutes ces opérations ultérieures, c'est qu'on éloigne des grands centres de population et qu'on relègue dans les terrains déserts et sablonneux {...] toute fabrication capable de vicier l'air de ses émanations, et d'infecter, par ses déversements ou par le véhicule, des infiltrations fluviales, les cours d'eau, les fontaines, les puits, les égouts même[24] ».

Cette vision prophétique de l'écologie, telle qu'elle est conçue aujourd'hui, suffit à conférer tout son intérêt à cet opuscule de 132 pages qui passe souvent inaperçu.

En 1864, Raspail fait paraitre les *Nouvelles études scientifiques et philologiques* dont les planches sur cuivre et les lithographies sont dessinées et gravées par son fils Benjamin. L'ouvrage contient les sujets les plus divers, notamment une biographie de Jean-Paul Marat et une étude sur les problèmes posés par la génération spontanée. Ce faisant, le polygraphe qu'est Raspail passe, sans sourciller, du statut d'historien à celui de biologiste.

En publiant son *Etude impartiale sur Jean-Paul Marat le savant et Jean-Paul Marat le révolutionnaire*, l'auteur fait preuve d'un beau courage pour sa tentative de réhabiliter l'un des acteurs les plus décriés de l'histoire révolutionnaire.

Le rédacteur de l'*Ami du Peuple* de 1848 a manifesté depuis longtemps son engouement pour son prédécesseur de 1789. Une trentaine d'années avant la parution de l'*Etude*, la sœur de Marat, sentant sa fin proche, lui a légué les écrits et le matériel scientifique qui avait appartenu à son frère, parmi lesquels un microscope solaire, des prismes, une trousse de médecin.

Sur bien des points, Raspail peut se reconnaitre dans son modèle. Comme lui, il est un savant ignoré de la science officielle, un médecin sans diplôme, une victime des persécutions policières, un défenseur inconditionnel du peuple, un journaliste engagé. Il partage avec celui qui a été l'un des premiers à se prononcer pour le suffrage universel quelques principes essentiels : rectitude morale, rejet du mercantilisme, indépendance à l'égard du pouvoir.

Les *Recherches* de Marat sur les maladies des yeux, l'étude du feu et de l'électricité sont l'objet des commentaires les plus élogieux de Raspail. Il affirme avoir refait certaines de ses expériences et avoir abouti aux mêmes conclusions. Avec sa théorie de la lumière, Marat, selon lui, a osé remettre en question la théorie corpusculaire développée par Isaac Newton[25] :

> « À l'époque de Marat, écrit-il, il n'était pas possible de porter plus loin la démolition de l'échafaudage du système que le célèbre physicien anglais semblait avoir fondé à tout jamais sur un appareil éblouissant de formules exactes ».

Il est établi aujourd'hui, faut-il le souligner, que les conceptions de Marat sur la nature de la lumière, comme d'ailleurs celles de Newton, sont caduques.

Dans la seconde partie de l'étude, Raspail défend le révolutionnaire, en soulignant la cohérence de son programme énoncé dès 1789 et qui trouvera son aboutissement en 1792. Il insiste sur la permanence de son engagement depuis le début de la révolution jusqu'à sa mort, et fait remarquer que les accusations portées par Marat contre la cour, Lafayette, Mirabeau, Dumouriez se sont trouvées justifiées par les faits. Il exonère le révolutionnaire des massacres de septembre 1793, puisqu'il a été assassiné deux mois auparavant. Enfin, Raspail, tout en rappelant son hostilité profonde à la peine de mort, considère que la condamnation de Louis XVI était « terrible, mais juste et nécessaire ».

Toutefois, faut-il le dire, le plaidoyer de Raspail parait moins convaincant aujourd'hui, quand on sait que Marat était, par ailleurs, partisan d'une « insurrection générale et des exécutions populaires » et réclamait l'instauration d'une dictature.

Avec l'étude sur la génération spontanée, nous revoici dans les sciences biologiques. Il ne fait aucun doute pour Raspail que le problème de la génération spontanée est résolu « depuis au moins cent ans ».

Certes, la découverte du monde des infiniment petits pouvait poser le problème en des termes nouveaux et susciter quelques interrogations dans la communauté scientifique. Mais l'expérience réalisée par Pasteur[26] en 1864 a porté un coup fatal à la théorie soutenue par Félix-Archimède Pouchet[27] dans son ouvrage publié en 1859 *Hétérogénie ou Traité de la génération spontanée*.

Cette étude fournit aussi à l'auteur l'occasion de se moquer de l'Académie des sciences qui est « croyante encore plus que savante », ainsi que des fluctuations des savants catholiques et, particulièrement, de ses vieux ennemis les jésuites, sur cette question :

> « Car enfin, proclame-t-il, le dogme des Générations non spontanées ce sont les libres penseurs qui l'ont établi [...] Et celui des générations spontanées a été professé au contraire par la plus fine fleur de la plus pure orthodoxie, par tous les Pères de la Société de Jésus, en opposition de tout ce qu'avançaient de contraire les Redi[28] et ceux qui relevaient de cette école ».

La passion de Raspail pour la médecine est ravivée avec la survenue, durant l'été 1865, d'une nouvelle épidémie de choléra qui est sans doute la plus grave depuis l'apparition de la maladie en 1832. Il y consacre une petite brochure de 39 pages dans laquelle il ne manque pas au passage d'accuser le corps médical d'incurie. Il s'agit, pour l'essentiel, d'un exposé des moyens préservatifs et curatifs de ce genre de pathologie.

Reprenant ses travaux sur les animaux marins fossiles entrepris avec l'étude des bélemnites dans ses jeunes années, Raspail fait paraitre en 1866 l'*Histoire naturelle des ammonites et des térébratules* illustrées par 11 planches dessinées, lithographiées et gravées par son fils Benjamin.

La publication de l'*Almanachs et calendriers météorologiques*, commencée en 1865, se poursuivra jusqu'en 1877, avec une seule interruption durant l'année 1871, du fait de la guerre franco-prussienne.

Le contenu des Almanachs des années 1860, qui va bien au-delà des observations d'ordre climatique, témoigne, s'il en était besoin, de la curiosité inlassable de Raspail et de la diversité des sujets qu'il a abordés. Ainsi, par exemple, dans l' « Introduction » de l'Almanach de 1865, Raspail, comme beaucoup de républicains de son temps, ne se prive pas de manifester un anticléricalisme virulent. En 1866, il se livre à des considérations historiques sur la bataille de Waterloo, et, en 1867, il donne une étude approfondie de la vie de Voltaire et des conditions de son inhumation. Dans l'*Almanach* de 1868, il se fait physiologiste pour analyser certains cas d'illusions visuelles. Cependant, jusqu'en 1870, les allusions à la politique quotidienne sont rares et discrètes, sans doute parce qu'il bénéficie d'une tolérance de l'Empire libéral.

Nouvelle candidature à la députation

Après les élections de 1863, Napoléon III, confronté à une opposition ouverte au régime de l'Église, des Républicains, des Libéraux et des Conservateurs, concède une série de réformes. En 1864, le droit de grève est reconnu. Trois ans plus tard, le droit d'interpellation est rétabli : un député peut désormais demander à un ministre de s'expliquer sur sa politique. En 1868, le système de l'avertissement pour la presse est supprimé, et les réunions publiques sont autorisées.

Mais l'inflexion de la politique gouvernementale ne réussit pas à séduire la classe populaire ni à satisfaire les libéraux qui attendent un vrai régime parlementaire. C'est dans ce contexte d'insatisfaction d'une partie de la droite et de la montée de l'opposition de gauche que se déroulent les élections au corps législatif du 31 mai 1869.

Le souvenir de Raspail est vivace à Lyon. Pendant les premières années du Second Empire, de nombreux groupements ouvriers se sont constitués à la Croix-Rousse. Un de ces groupes a pour bible l'ouvrage de Buonarotti[29] sur Babeuf[30] et la collection de *L'ami du peuple* de Raspail, Les loges de la maçonnerie lyonnaise sont en contact étroit avec ce dernier. Les francs-maçons, les libres penseurs et de nombreux supporters parmi lesquels le pharmacien Langlade, à la fois propagandiste zélé et vendeur des médicaments Raspail, souhaitent ardemment sa candidature.

Le 18 février 1869, Benjamin Raspail reçoit une lettre de son ami imprimeur Rey qui, au nom des républicains lyonnais, propose à son père d'être candidat dans le Rhône. Dans un premier temps, il y répond négativement, arguant que des hommes de qualité, au dévouement sans faille, comme son père, n'ont rien à attendred'une compétition électorale, où se trouvent engagés des républicains qui ont trahi le peuple et ses défenseurs en 1848[31].

Mais, les républicains lyonnais persistent et envoient deux délégués chargés de faire revenir Raspail sur sa décision. Ceux-ci, au nom de leurs collègues, lui expriment à nouveau leur désir très vif d'être représentés par un candidat renommé et en tout point irréprochable, tel que lui. Raspail se laisse convaincre et accepte finalement de se présenter contre Jules Fabre dans la circonscription du Rhône.

Le 15 mai, accompagné d'Emile, de Benjamin et de Camille, il prend l'express de Lyon. Le lendemain de leur arrivée, les voyageurs sont assaillis de visiteurs qui viennent leur témoigner leur attachement. Le 17, une grande réunion est organisée dans la salle Apollon. Sur le trajet, du pont de la Guillotière jusqu'au quai Prince-Impérial, Raspail est acclamé par des milliers de travailleurs.

À proximité de la salle Apollon, la foule est si compacte que sa voiture ne peut plus avancer. Raspail est littéralement porté dans la salle où doit se tenir la réunion. Son discours est inaudible en raison de la faiblesse de sa voix, mais sa seule présence suffit à combler de satisfaction l'assistance.

Le retour à l'hôtel se déroule au milieu d'une foule enfiévrée. C'est le même enthousiasme à son départ pour le chemin de fer. À peine arrivé à Cachan, Benjamin adresse une lettre chaleureuse au comité radical de Lyon pour le remercier de l'accueil incomparable qu'ils ont reçu dans la Capitale des Gaules.

Le vieux lutteur est candidat non seulement à Lyon, mais aussi à Paris contre Garnier-Pagès, et dans la Sarthe. Son programme tient en quelques propositions énoncées dans sa profession de foi. Affichant son anticléricalisme habituel, il demande d'abord la sécularisation du prêtre et du moine. « Qu'il leur soit permis de retourner au mariage et au travail ». Suivent un certain nombre de recommandations qui montrent que Raspail est resté fidèle à ses idées et à ses convictions initiales : suppression de l'armée permanente, transformation de la prison en « école d'amélioration », liberté « illimitée de pensée et de la presse », instruction commune et obligatoire, création d'associations qui veillent à sauvegarder la rémunération et les conditions de travail des ouvriers, et à assurer les soins des malades.

Sa candidature dans la 5ème circonscription de la Seine, où il affronte deux autres vétérans de la politique, suscite les railleries d'une partie de la presse. On peut lire dans le Figaro du 8 mai 1869 :

> « La 5e circonscription n'a pas de chance ; le faubourg Saint-Antoine n'a en fait que des vieillards. C'est la

> circonscription des invalides. MM ; Garnier-Pagès, Raspail et Georges Baudin ont l'un soixante-douze ans, l'autre soixante-quatorze, l'autre 69 ».

Une caricature parue dans l'*Eclipse* du 23 mai le représente en salopette courte, col dur et nœud papillon, des bracelets aux chevilles, devant un bidon d'huile de camphre fumant sur lequel est indiqué « huile de camphre pour le cirque ». Le cirque dont il est question c'est le cirque Napoléon où s'est tenue le 13 mai une réunion des plus agitée. Le Figaro en fait, deux jours plus tard, un compte-rendu détaillé :

> « Entre quatre et cinq heures, la queue a commencé à se former tout au long de la rue Fossé-du-Temple ; à six heures elle était rue Oberkampf ; à sept heures, on la retrouvait au boulevard du Prince Eugène. Dès huit heures, l'immense vaisseau du cirque Napoléon s'emplissait d'électeurs, et cependant la réunion n'a commencé qu'à neuf heures environ, lorsque plus de 3000 personnes se furent entassées sur les gradins du cirque [...] Monsieur Raspail s'est levé ; c'est un beau vieillard à la barbe neigeuse, aux longs cheveux blancs, il a l'œil fier et le port assuré. Dans un long discoure dont nous ne pouvons même rapporter la substance, M. Raspail s'est justifié de la part qu'il a prise au 15 mai [...] Le candidat a ensuite retracé sa vie politique, d'une voix malheureusement un peu faible et qui faisait écho avec la voûte de la salle. Il a été néanmoins très applaudi[32] ».

À Lyon, le jour du scrutin, le 23 mai, Raspail est élu triomphalement contre Jules Fabre à une écrasante majorité de 16585 voix contre 5991. Au Mans où il est également candidat, le résultat est inverse, en faveur de son adversaire royaliste. À Paris où il a obtenu 14479 suffrages contre 14336 à Garnier -Pagès et 7000 au candidat conservateur, il se maintient au second tour, en dépit d'une campagne de presse lui intimant de se désister en faveur de Garnier-Pagès. Il est battu, les voix du candidat conservateur s'étant reportées sur Garnier-Pagès.

À l'issue des élections, le corps législatif se compose de 216 partisans du gouvernement et de 74 opposants. Ces derniers comptent dans leurs rangs 25 républicains d'extrême gauche dont Raspail, et 49 libéraux

Membre du corps législatif

À soixante-quinze ans, pour la première fois de sa vie, Raspail pénètre dans une Assemblée nationale comme député. Le 28juin 1869, lors de la première séance du Corps législatif, le nouvel élu de Lyon vient siéger à l'extrême gauche, à côté de Gambetta qui vient d'être élu à Belleville. Il sera rejoint, en novembre, par Rochefort[33] le jeune et redoutable rédacteur de *La Lanterne*, élu lors d'élections complémentaires.

Cependant, il reste isolé. Il ne peut pas davantage s'allier aux anciens ministres de la réaction, devenus libéraux contre l'empire qu'aux anciens ministres de la réaction du gouvernement provisoire, devenus les républicains du moment. Des uns et des autres, il a été la victime, et c'est la cause populaire que les uns et les autres ont sacrifiée en sa personne. On peut lire dans *La Presse* du 5 juillet 1869 :

> « MM. Gambetta, Bancel et Raspail paraissent vouloir former, à eux trois, un groupe à part. M. Raspail prétend que les engagements qu'ils ont pris devant leurs électeurs excluent l'emploi de toutes précautions oratoires dans leurs revendications ».

Très rapidement, Raspail va prendre la parole. Dès le 8 juillet, s'exprimant au sujet d'un contentieux électoral, il se livre à une sévère critique des prisons. Dans son langage fleuri habituel, il demande que le Code d'instruction criminelle et le Code pénal soient définitivement supprimés et que les prisons soient transformées en écoles de travail ou d'amélioration, ce dernier point ne manquant pas de soulever les railleries de l'Assemblée.

Les jours suivants, il interpelle vigoureusement le gouvernement auquel il reproche la violence de sa répression lors des troubles survenus dans Paris et en province en juin, au lendemain des élections. De tous les membres de la gauche, et notamment les députés de Paris, il est le seul à mener cette attaque.

Peu de temps après, Raspail est vent debout contre la décision de Napoléon III de proroger le Corps législatif jusqu'à une date indéterminée. En effet, le 12 juillet, pour couper l'herbe sous le pied de l'opposition libérale, l'empereur a annoncé un train de réformes qui établissent, entre autres, une responsabilité implicite des ministres devant le Corps législatif et une plus grande autonomie pour ce dernier. Mais, alors que les ministres ont démissionné, le souverain s'est dit déterminé à maintenir en place le Corps législatif en exercice. En signe de protestation contre cette mesure, l'élu de Lyon se rend quotidiennement au Palais-Bourbon, pourtant déserté par l'ensemble des députés. *Le Figaro* du 26 juillet rapporte :

> « M. Raspail, seul, vient tous les jours, entre dans l'hémicycle, s'assoit à son banc, et lorsqu'après dix minutes de station, il croit avoir suffisamment protesté contre la prorogation, il se retire ».

Ce comportement inhabituel suscite à la fois la critique et le respect des journalistes. Le portrait que dresse de Raspail le quotidien *La Petite presse* du 26 octobre 1869 est à cet égard très évocateur du personnage :

> « Raspail a toujours été seul. Il s'est fait sa religion, sa morale, son devoir, sa médecine, son drapeau, de Raspail tout son bagage intellectuel et moral et, fier de sa création, il s'adore dans elle [...] C'est un Dieu. Il se trouve parfois que sa doctrine répond à celle de la foule, et la foule marche derrière lui {...] L'âge n'a pas ébranlé les convictions du vieux Raspail ; mais sa méfiance s'est accrue pendant le long séjour dans les prisons et les dernières années de sa vie. De là, une sorte de manie de voir des ennemis

dans tous ceux qui ne partagent pas ses opinions. En dehors de cette manie, le député de Lyon est un homme d'action et un homme de bien ».

Malgré sa farouche réputation, le vieux lutteur reste capable d'exercer un certain charme sur ses interlocuteurs. Les visiteurs qui se rendent à Arcueil découvrent un vieillard robuste et droit, très affable. Avec une épaisse barbe d'une blancheur éclatante, des yeux très bleus, méditatifs et froids, la main élégante et fine, la taille imposante, il forme un ensemble austère et digne, aux façons gravement familières[34].

Au lendemain de la rentrée du Corps législatif, le 29 novembre, Raspail, au grand dam des députés, propose de mettre en accusation le ministre de l'Intérieur de Forcade[35] pour fraude électorale et exécution d'assassinats, lors des événements de juin. Il ne sera pas entendu.

Le 8 décembre, il présente, en association avec Rochefort, un projet de loi sur la *Décentralisation pour les intérêts locaux et la centralisation pour les intérêts généraux*. L'article 3, ainsi conçu : « La commune élit son conseil communal par le suffrage universel, et le conseil choisit un de ses membres comme maire de la commune » sera adopté littéralement dans la loi municipale du 4 mai 1884. Mais, les autres propositions, la création d'un impôt unique et progressif, la suppression de l'armée permanente ou la nomination des généraux, en cas de guerre par le Corps législatif n'auront pas de suite.

Le 11 janvier 1870, au lendemain de l'assassinat du journaliste Victor Noir[36] par Pierre Bonaparte, cousin de l'empereur, Raspail et Rochefort interpellent Emile Ollivier, ministre de la Justice, pour dénoncer la partialité de la Haute Cour qui doit juger l'accusé. Cela vaudra à Rochefort d'être poursuivi et arrêté pour offense envers l'empereur.

Pendant quelques mois, Raspail interrompt ses activités politiques, et se retire à Arcueil où il attrape une pneumonie qui le fait passer pour mort. Ragaillardi, il réapparait à l'Assemblée au mois de mai. La réforme pénitentiaire constitue toujours pour lui une priorité. Aussitôt, il dépose une proposition visant à réformer le système pénal. Il y dénonce la peine de mort et préconise la réhabilitation des coupables plutôt que la répression. Il ne parviendra pas à convaincre la commission parlementaire chargée d'étudier ses propositions.

Ses interventions, trop longues, émaillées de citations latines, au cours desquelles il évoque constamment ses souvenirs personnels, et formule des propositions certes généreuses mas jugées irréalistes, sont généralement mal reçues par les députés qui n'hésitent pas à se gausser du » vieillard de la Montagne ».

Pourtant, d'autres, et non des moindres, sont sensibles à la démarche de Raspail. Emile Zola, qui fait dans la presse un compte-rendu de la séance du 8 juin où l'élu de Lyon a été en butte aux sarcasmes de l'Assemblée, pointe du doigt l'insignifiance de ses adversaires, avec une ironie cinglante. Il s'en prend notamment au maréchal Leboeuf[37], ministre de la Guerre, lequel, en réponse à Raspail qui rappelait ses anciennes souffrances de prisonnier, avait déclenché l'hilarité de l'Assemblée, en déclarant qu'il avait passé quinze jours en prison dans sa jeunesse et qu'il ne s'en portait pas plus mal :

> « Voyez M. Leboeuf, écrit-il, quinze jours lui ont suffi. Ah ! Voila ! c'est que les hommes de l'Empire sont des gens à part [...] Ce n'est point les républicains comme Raspail qui ont ces chances. Aussi leur rit-on au nez quand ils demandent des balais pour jeter à terme les ordures de la France. Allons, belle Chambre, ma mie, fais risette à tes ministres et blague le vieux fou de la Montagne[38] ».

Pour autant, Raspail ne cesse pas son combat en faveur des classes populaires et des libertés. Il s'élève contre l'interdiction faite à l'Internationale de tenir des réunions publiques. Il réclame la libération de Rochefort. Il demande, tour à tour, d'accorder aux chômeurs un délai de soixante jours pour payer leur loyer, la réduction du traitement des ministres, la suppression des cumules. Il envisage même de supprimer le ministère de la Justice, laissant le soin de rendre la justice à des jurés tirés au sort.

Le 8 mai 1870, Napoléon III organise un plébiscite pour approuver les réformes libérales qu'il a réalisées et ratifier le sénatus-consulte du 20 avril qui les complète. L'élu de Lyon, à l'instar de Gambetta, Ferry et Fabre, y répond négativement. En effet, la question est embarrassante pour la gauche, car il est difficile de dissocier cette évolution politique de son instigateur. Raspail s'adresse à ses électeurs de Paris et de Lyon pour démontrer les vraies raisons de cette consultation électorale Son mot d'ordre est : « Voter donc NON le jour du plébiscite, et vous aurez fait une bonne action ».

Mais, les Français disent oui à une écrasante majorité, ce qui a pour effet de renforcer la politique répressive du gouvernement à l'égard des ouvriers et de satisfaire les aspirations des milieux d'affaires et des conservateurs.

Au mois de juillet, les tensions entre la France et la Prusse débouche sur la guerre entre les deux pays[39]. Le corps législatif vote les crédits de la guerre, malgré l'opposition d'une dizaine d'élus dont Raspail. Les fils du patriarche sont mobilisés. Benjamin, malgré son invalidité, participe à l'établissement d'une ligne de défense le long des forts de Paris. Emile est secrétaire de la commission des barricades au ministère des Travaux publiques, Camille chef d'escadron dans l'artillerie de la Garde nationale, et Xavier chirurgien dans l'armée.

Chapitre IX

Les dernières années

La Guerre de 1870 entre la Prusse et les troupes impériales de Napoléon III est très courte. Commencée le 19 juillet 1870, elle se termine le 28 janvier 1871 à la suite de la capitulation française.

« L'armée est vaincue et captive, moi-même suis prisonnier ». C'est par ce télégramme que l'impératrice Eugénie apprend que son époux est fait prisonnier à Sedan avec une grande partie de l'armée impériale le 2 septembre 1870. À Paris, le régime s'effondre. Les députés du Corps législatif sont convoqués d'urgence au Palais Bourbon par le président Schneider.

La séance commence à 1 h du matin le 4 septembre et s'achève une demi-heure plus tard. Le député Jules Favre réclame la destitution de Louis-Napoléon Bonaparte et de sa dynastie, la nomination par le Corps législatif d'une commission investie de tous les pouvoirs de gouvernement, avec la mission expresse de résister à outrance à l'invasion et de chasser l'ennemi du territoire, ainsi que le maintien du général Trochu[1] comme gouverneur général de Paris.

La séance reprend quelques heures plus tard. Dans l'hémicycle, Léon Gambetta exige la déchéance de l'empereur tandis qu'Adolphe Thiers veut seulement créer un « comité de gouvernement et de défense nationale ». La séance est agitée. À 14 h 30, on entrouvre les grilles pour laisser entrer quelques députés et une centaine de gardes mais, très vite, une foule de Parisiens force l'entrée et s'engouffre dans l'enceinte du palais.

Raspail se trouve alors au corps législatif, il décrira ainsi son attitude et celle de ses collègues :

> « Cela était prévu […] La salle est envahie [...] Je parle aux différents membres de la droite et je leur dis que je puis les sauver s'ils me promettent de pas me renouveler le sort du 15 mai 1848 […] Cette fois, je dois prendre mes précautions[2] ».

Gambetta s'efforce en vain de calmer les manifestants qui crient à la déchéance de l'empereur et à l'instauration de la République. Schneider fait lever la séance et se retire. Favre déclare que l'hémicycle n'est pas l'endroit qui convient pour proclamer la République, et Gambetta, dans la foulée, appelle l'assistance à se rendre à l'Hôtel de Ville.

C'est là que le jeune et talentueux tribun, accompagné d'autres députés, fait proclamer la république et approuver l'instauration d'un « Gouvernement de défense nationale » présidé par le général Trochu. Raspail est de ceux qui soutiennent ce gouvernement. Il exhorte ses électeurs de Lyon à se lever en masse pour défendre la patrie.

Alors que Paris est assiégé depuis le 18 septembre, la vie quotidienne des habitants est profondément affectée par un rationnement drastique et les rigueurs d'un hiver exceptionnel. La capitale est privée de tout contact avec l'extérieur. Les ballons sont alors la seule manière de quitter la capitale et d'acheminer le courrier civil et militaire. Le Gouvernement de Défense nationale décide donc d'envoyer par ballon son ministre de l'Intérieur, Léon Gambetta, à Tours afin d'organiser la résistance. Le 7 octobre, celui-ci monte à bord de l'*Armand Barbès*, du nom du républicain mort trois mois plus tôt.

L'Empire allemand est proclamé dans la Galerie des Glaces du château de Versailles le 18 janvier 1871. Le soulèvement parisien du 22 janvier, qui vise à empêcher le Gouvernement de la Défense nationale de décider la capitulation de Paris est réprimé, alors que Trochu a abandonné, la veille, le commandement en chef de l'armée. Le 26 janvier, Jules Favre signe avec le chancelier Bismarck un armistice qui entre en vigueur deux jours plus tard et prévoit, outre l'arrêt des hostilités pour une période de quinze jours renouvelables, la convocation d'une assemblée nationale chargée notamment de décider de la poursuite de la guerre ou de la conclusion de la paix.

Les élections législatives du 8 février envoient une forte proportion de monarchistes (400 députés) à l'Assemblée nationale. Raspail se présente à nouveau à Lyon où il est battu. Thiers est nommé « chef du pouvoir exécutif de la République française ».

Le 10 mars, l'assemblée, qui voit, à juste titre, dans la capitale un foyer révolutionnaire particulièrement dangereux, transfère son siège à Versailles, laissant le pouvoir vacant à Paris.

Le rejet d'une capitulation de la France face aux menées de Bismarck, la manifestation de l'opposition entre un Paris républicain, favorable à la démocratie directe et une Assemblée nationale à majorité monarchiste, acquise au régime représentatif, mais également les conditions de vie déplorables des ouvriers parisiens, alors très nombreux dans la capitale, sont les principaux facteurs du déclenchement de la commune insurrectionnelle de Paris.

Celle-ci commence le 18 mars, quand Adolphe Thiers et son gouvernement envoient la troupe, sous le commandement du général Lecomte[3], s'emparer des canons de la Garde nationale sur la butte Montmartre. Les soldats refusent d'obéir à Lecomte qui ordonne de faire feu sur la population et les gardes nationaux présents sur les lieux. Le général Lecomte et le général Clément-Thomas[4], ancien commandant de la garde nationale, qui se trouve fortuitement sur la butte pour repérer les plans des barricades, sont capturés par les insurgés et exécutés.

Les membres du conseil de la commune sont élus le 26 mars, et le Conseil de la Commune, surnommé « Commune de Paris », est proclamé deux jours plus tard. Celle-ci crée aussitôt une Commission exécutive, à la tête de neuf commissions. Très vite, l'assemblée communale va se scinder en deux factions qui s'opposent par leur conception de la république. Les majoritaires, de tradition jacobine, plus radicaux, au nombre desquels se trouve le journaliste Delescluze[5], sont regroupés avec quelques blanquistes. La minorité qui, compte dans ses rangs le journaliste Jules Vallès[6], est composée d'autonomistes et de socialistes plus attentifs à la question sociale.

Dès la fin mars, Adolphe Thiers, se prépare à mater la révolte parisienne depuis Versailles. Jusqu'à la mi-mai, des combats sporadiques se dérouleront dans diverses villes de banlieue (Issy-les-Moulineaux, Clamart, Neuilly notamment) où les Fédérés de la Commune perdent progressivement pied.

Le 1er mai, la Commission exécutive de la Commune est remplacée par un Comité de Salut public, doté de pouvoirs étendus, et, le 16 mai, la Colonne Vendôme, considérée comme symbole du despotisme impérial, est démolie.

Avec l'appui du chancelier Bismarck, lequel, soucieux de désarmer Paris, libère 60 000 prisonniers qui viennent grossir les rangs de l'armée de Thiers, les Versaillais disposent, à la veille de l'affrontement, de 130 000 soldats bien armés, commandés par le maréchal de Mac Mahon. En face, les Communards peuvent théoriquement aligner les 170 000 membres de la Garde nationale. Mais, seuls entre 20 000 et 30 000 hommes sont réellement actifs.

Les Versaillais passent à l'action, le dimanche 21 mai. à la suite d'une trahison dans les rangs des Communards, ils entrent dans la capitale via le quartier de Boulogne dénommé « Le point du jour », près de la Porte de Saint-Cloud. C'est le début de la « Semaine sanglante », qui va durer jusqu'au dimanche 28 mai, marqué par la chute des dernières barricades de Belleville et l'‘exécution d'Eugène Varlin[7].

Les versaillais pratiquent des exécutions massives et une répression féroce, les communards fusillent des otages. De célèbres monuments de Paris mais aussi des immeubles d'habitations sont détruits, soit parce que les Communards allument des foyers d'incendie en représailles ou pour retarder l'avancée des Versaillais, soit du fait des bombardements, notamment sur la rive gauche. Le palais des Tuileries, le palais de Justice fleuron de l'architecture gothique, l'Hôtel de Ville hérité de la Renaissance, le Palais-Royal et le palais d'Orsay sont au nombre des monuments les plus emblématiques partis en fumée.

On estime qu'entre 3 000 et 5 000 fédérés sont morts au combat et qu'environ 20 000 autres ont été massacrés. Du côté des Versaillais, il y aurait eu entre 500 et 800 tués et 5 000 blessés. Mais, après les exécutions immédiates, il y aura les arrestations et les déportations de Communards. Au total, environ 43 000 personnes (hommes, femmes et enfants) seront arrêtées et internées au camp de Satory. Sur les 95 condamnations à mort prononcées, 25 seront effectives, dont celle de Louis Rossel[8]. Des Communards condamnés aux travaux forcés seront transportés en Nouvelle-Calédonie. Vingt convois se succéderont entre la France et l'île entre 1872 et 1878, avec un total d'environ 3 800 déportés dont Louise Michel[9].

Raspail face à la guerre et à l'insurrection parisienne

Dès le début du conflit, Raspail subit les dommages de la guerre. À la fin septembre, sa maison d'Arcueil est saccagée et pillée par les régiments de mobiles, surnommés les « moblots », venus d'Auvergne et de Vendée. Les matériels scientifiques, les œuvres d'art sont volés ou endommagés, les glaces et les marbres réduits en poussière. Raspail se voit contraint d'élire domicile, rue de Bourgogne à Paris.

La famille Raspail est atterrée par la honteuse capitulation du gouvernement, dont elle tient Jules Favre et le général Trochu comme personnellement responsables. Au dire de son petit-fils François, devant les tristes évènements qu'il voit se dérouler, le vieillard se réfugie le plus souvent dans un mutisme désabusé.

L'épisode sanglant de la commune provoque un véritable ébranlement chez Raspail qui est un témoin consterné des massacres qui n'épargnent pas souvent des innocents. Il se tient d'emblée à l'écart du conflit. « Je n'ai pris parti ni pour la Commune - ce ramassis d'imbéciles de fripons et de dupes - ni pour les versaillais[10] » déclarera-il plus tard. Le déchainement de la violence va à l'encontre de ses convictions. Lui, qui prône la concorde nationale, ne peut approuver les exactions commises par les protagonistes. Du cinquième étage de la maison de la rue de Bourgogne, il voit les exécutions et les inhumations sommaires comme il le relatera lui-même dans un fragment du diarium de juin 1871 : « Dès le lendemain, les exécutions commencèrent et 93 fut débordé. On exécutait alors qu'après jugement... Cette fois innocent ou coupable, ont été fusillés selon le caprice du soldat[11] ».

Avec la paix retrouvée, Raspail regagne sa maison d'Arcueil, en compagnie de sa fille Marie.

Publication des « Réformes sociales »

Paru en 1872, l'ouvrage se présente un peu comme un testament politique et philosophique. Aussi y retrouve-t-on souvent des éléments empruntés à ses livres précédents, notamment les *Lettres sur les prisons de Paris*, ainsi qu'aux articles du *Réformateur*.

Les *Réformes* comprennent deux parties. La première, intitulée « Combats », est autobiographique. L'auteur y relate les évènements qui l'ont marqué, parmi lesquels la fondation du *Réformateur*, le massacre du peuple par la machine infernale de Fieschi[12], les provocations dont il a été l'objet en prison, son séjour à la Force, ses contacts avec les droits communs et notamment le célèbre assassin Lacenaire qu'il compare avantageusement au roi Guillaume de Prusse, représentant emblématique, selon lui, de la catégorie des « brigands d'un plus haut genre » ou encore le récit de la proclamation de la République le 25 février 1848.

Dans la seconde partie, « Les Doctrines », Raspail expose ses arguments pour justifier la nécessité d'entreprendre des réformes sociales. C'est ainsi qu'il dénonce le caractère monarchique de la fonction publique, jugée trop dispendieuse à ses yeux, proposant de lui substituer des fonctions électives dont certaines seraient gratuites. Il insiste sur la décentralisation, à propos de laquelle la gauche est très divisée, et sur le rôle prépondérant à attribuer aux associations. Il énonce des principes d'économie, dont la finalité est de « produire davantage et éprouver moins de pertes dans l'emploi des produits ». Il démontre la légitimité du suffrage universel dont il a été l'un des tous premiers à affirmer la nécessité. Il propose de réformer le système des lois pénales, conformément à l'une de ses plus anciennes revendications.

L'ultime procès

Après la Commune, Raspail poursuit la publication de son *Almanach et Calendrier météorologique*. Ceux de 1873 et 1874 lui valent, en compagnie de son fils François Xavier en tant qu'éditeur et de Paul-Auguste Dupont en tant qu'imprimeur, d'avoir, une nouvelle fois, affaire à la justice. Le 12 février 1874, il comparait devant la Cours de Justice de la Seine. Il n'a rien à attendre de la bienveillance du gouvernement de l'ordre moral du maréchal Mac-Mahon qui a succédé à Thiers à la présidence de la République.

On lui reproche d'avoir dénoncé la trahison du général Trochu, qui, comme l'intéressé le reconnaitra lui-même, n'a jamais conçu un plan pour sauver la capitale, d'avoir critiqué l'armée et ses chefs, et d'avoir fait l'apologie de l'insurrection du 18 mars. En outre, on l'accuse d'avoir écrit à propos de Delescluze, mort sur une barricade le 25 mai 1871, qu'il était « un homme intègre et de souffrance, qui se reconnaissant victime d'une erreur, couronna sa longue vie par l'héroïsme de sa mort ».

En réalité, c'est le libre-penseur, l'homme qui a toujours dénoncé l'influence néfaste du jésuitisme dans les calamités publiques, que le ministère public livre à un jury de circonstance.

Pour sa défense, Raspail se livre à un long plaidoyer où il rappelle les évènements qui ont marqué son existence depuis les sombres journées de 1815 où il avait failli perdre la vie : sa participation à la révolution de 1830, son implication dans l'affaire des Quinze puis dans celle des Vingt-Sept dont il est ressorti blanchi, son rôle dans l'instauration de la seconde république, sa détention à Doullens, son exil à Bruxelles durant dix années.

Au terme de son discours, après s'être revendiqué à nouveau comme un libre - penseur qui ne rejette pas Dieu pour autant et dont la seule religion est « une religion de savant », il réclame l'acquittement pour lui-même et les deux autres prévenus :

> « Vous ne condamnerez pas mon fils, déclare-t-il, car vous êtes des pères de famille, et vous ne condamnerez pas l'imprimeur, car vous êtes des travailleurs, des artistes et des commerçants[13] ».

Cependant, Raspail ne parvient pas à convaincre la Cour et les jurés. À 80 ans, il est condamné à deux ans de prison et son fils à six mois. Ce verdict entame l'optimisme du patriarche, si bien que, deux jours après la sentence, il s'empresse de compléter son testament pour préciser les conditions de son enterrement. Récusant à nouveau l' « infame religion des prêtres catholiques », il manifeste son désir d'être inhumé sans l'assistance d'un quelconque représentant d'une religion, à côté de sa famille au Père-Lachaise, et souhaite qu'aucun discours ne soit prononcé sur sa tombe. Néanmoins, magnanime, il pardonne à tous ceux qui l'ont persécuté.

Peu de temps après, la Cour de cassation annule cet arrêt pour excès dans l'application de la peine et renvoie l'affaire devant la Cour de Versailles qui prononce contre Raspail une condamnation à un an de prison. Il purge sa peine dans la maison de santé de Bellevue, près de Meudon. Dans ce cadre moins austère que celui d'une prison, il vit en compagnie de sa fille Marie.

Le 8 juillet 1875, Raspail est libéré. Une fois de plus, il est sorti victorieux de cette épreuve : la mort ne l'a pas pris en prison. Il retrouve avec joie la liberté, et regagne sa propriété d'Arcueil que ses enfants ont rénovée.

Les élections législatives de 1876

Des élections législatives qui suivent de peu les élections sénatoriales sont organisées pour les 20 février et 5 mars 1876. Lors de la campagne électorale qui commence presque immédiatement, Léon Gambetta devient la figure de proue des républicains qui le présentent dans quatre circonscriptions.

Alors que l'hypothèse d'une candidature de Raspail aux élections sénatoriales a été écartée, les républicains du Vaucluse le pressentent pour les élections législatives. Le jeune journaliste radical Clovis Hugues,[14] qui nourrit pour lui une profonde admiration, le presse d'accepter. Devant les divisions politiques locales. Raspail refuse dans un premier temps. Il écrit aux membres du comité radical de Marseille :

> « Je me vois forcer de m'abstenir et de vous inviter à faire le choix d'un autre candidat meilleur que moi par son âge et par son activité [15] ».

Cependant, la combattivité du vieux lutteur est toujours aussi vive, il se porte finalement candidat. En raison de son âge, Raspail ne se rend pas à Marseille, mais certifie aux républicains locaux qu'il défend un programme républicain conforme à celui qu'il a exposé naguère dans *Le Réformateur* puis dans *L'Ami du peuple*.

Dans la deuxième circonscription de Marseille, le candidat pressenti affronte le député sortant, Henri Amat[16], un républicain modéré et de Coriolis[17], figure du légitimisme marseillais. Entre les deux tours, c'est Benjamin, venu à Marseille avec son frère Emile pour représenter leur père, qui présente le programme du candidat. On y retrouve l'ensemble des propositions qu'il a formulées tout au long de sa carrière politique : amnistie pour les condamnés de la Commune, séparation de l'Eglise et de l'Etat, développement de l'instruction, instauration de l'impôt progressif et décentralisation des communes.

Le scrutin est largement remporté par les républicains, renversant la majorité monarchiste issue des élections législatives de 1871 qui ont suivi la proclamation de la IIIe République. Raspail, sous l'étiquette de la Gauche républicaine, l'emporte largement, avec 49,57 % des voix, sur Amat (30,22%) et de Coriolis (22,19 %).

Président de l'Assemblée nationale

Le 8 mars, l'opposant irréductible à tous les régimes qui se sont succédés depuis la Monarchie de Juillet est appelé à présider la Chambre des députés comme doyen d'âge. Il a alors quatre-vingt-deux ans.

Dans *Le Constitutionnel* du 9 mars 1876, on peut lire :

> « Par une de ces bizarreries du destin, l'homme qui représentait aujourd'hui un des grands corps de l'Etat, la Chambre des députés, est un conspirateur incorrigible qui vient de quitter la paille humide des cachots pour le fauteuil présidentiel de l'Assemblée législative ».

La séance inaugurale de la Chambre des députés a lieu au Palais de Versailles où siège encore le Parlement. Quand Raspail arrive dans la cour de Louis XIV, il est accueilli par un peloton de gendarmes qui forme la garde d'honneur ; les tambours battent aux champs. Il s'en étonne malicieusement : « des gendarmes ? Toutes les fois que j'ai vu des gendarmes, c'était pour aller en prison. Aujourd'hui, ils me présentent les armes, ça me change un peu ».

Le vieillard, au crâne dénudé et exhibant une barbe blanche qui tombe sur la poitrine, gravit lentement les degrés qui conduisent au fauteuil de la présidence. Quand il prend la parole, sa voix est si faible que c'est à peine que les députés qui l'entourent peuvent l'entendre. Il ouvre la législature par ces mots :

> « Une ère nouvelle commence en ce jour pour la France, acclamée qu'elle a été par l'immense majorité du suffrage universel. Devant cette puissante voix de la patrie, tous les partis doivent s'effacer et se taire. La patrie le veut, la patrie l'ordonne [18] ».

De l'avis unanime, le ton du discours qui suit est très modéré, et plutôt conciliant. Il provoque même quelques applaudissements.

Dans le même numéro du *Constitutionnel*, l'auteur du compte-rendu de la séance rapporte l'accueil fait à l'exposé de l'orateur :

> « On avait présumé que M. Raspail déclinerait la mission de remplir l'office de président ; on s'était trompé ; et même occupant cette présidence de quelques heures et de

pure cérémonie, le vieux révolutionnaire n'a émis aucune parole malsonnante ».

Proposition de la loi d'amnistie des condamnés de la commune

4 250 communards ont été envoyés à partir de 1872 en Nouvelle-Calédonie, aux pénitenciers de l'Île des Pins, ou de Ducos, avec parmi eux des personnalités comme Louise Michel ou Henri Rochefort[19]. Les conditions de détention y sont particulièrement dures. Pour les républicains, il est temps d'amnistier les condamnés. Tout naturellement, Raspail est de ceux qui se mobilisent en faveur de cette cause.

Peu de temps après sa prise de fonctions, lors de la séance du 21 mars 1876, il propose à la Chambre des députés un projet de loi d'amnistie des condamnés pour actes relatifs aux événements de mars, avril et mai 1871. Parmi les signataires de la proposition de loi se trouvent Benjamin Raspail, Georges Clémenceau[20], Louis Blanc, Eugène Spuller[21], Charles Floquet[22], Alfred Naquet[23]. Le même jour, Victor Hugo dépose sur le bureau du Sénat une proposition qui va dans le même sens.

Cependant, une bonne partie de la classe politique est farouchement opposée à cette démarche. Son hostilité à la proposition de loi d'amnistie se manifeste clairement dans les colonnes du *Constitutionnel* :

> « Et ce n'est pas un acte de clémence que l'on sollicite, c'est une ovation. Les bandes de la Commune, généraux en tête, feraient dans Paris une sorte de rentrée triomphale, comme en des temps déjà loin de nous, nos braves soldats de Crimée et d'Italie.
>
> Cela n'est pas possible, non, non et non ! le cœur de la France que M. Raspail calomnie, se soulève à la pensée d'une aussi abominable, aussi hideuse vision [24] ».

La suite de la discussion des propositions relatives à l'amnistie se déroule à la Chambre des députés le 18 mai[25]. Raspail est invité par le président de séance à prendre la parole. Il commence son allocution sans élever la voix, ce qui suscite quelques réactions dans l'assistance : « Plus haut ! On n'entend pas ! » protestent plusieurs membres. L'intervenant réclame une amnistie pleine et entière, alléguant :

> « L'amnistie […] est, en cas de guerre civile, le devoir du vainqueur ; c'est l'oubli de l'injure, c'est le pardon de l'homme fort envers l'homme désarmé ».

Quand il rappelle que les 3 et 4 avril 1871, lors de la bataille de Rueil qui opposait les forces de la Commune à celles du gouvernement de Versailles, deux généraux ont ordonné de fusiller, sans autre forme de procès, des fédérés faits prisonniers, la droite s'enflamme. Le baron de Septenville[26] s'exclame :

> « On n'insulte pas l'armée française comme cela ».

Raspail, accommodant, lui répond :

> « Mais non, monsieur ! vous vous méprenez sur ma pensée ».

En dépit des interruptions bruyantes des députés de droite que Benjamin Raspail rappelle plusieurs fois à l'ordre, le député de Marseille, au souffle court et à la voix étouffée, continue inexorablement son discours. À l'aide d'exemples précis, il décrit longuement les terribles conditions de détention des prisonniers, stigmatisant la cruauté des geôliers :

> « Savez-vous d'où sortent ces geôliers ? demande-t-il, De la classe des condamnés eux-mêmes et pour des crimes plus graves que la plupart des autres ».

Le tumulte est à son comble sur les bancs de l'hémicycle. Benjamin Raspail intervient une dernière fois pour réclamer qu'une enquête supplémentaire soit ordonnée sur les évènements du 18 mars 1871.

La clôture de la discussion générale ayant été prononcée, le Président consulte la Chambre pour savoir si elle entend passer à la discussion des articles de la proposition de Raspail. Le scrutin est ouvert ; le dépouillement donne pour résultats :

Nombre des votants : 442
Pour l'adoption : 50
Contre : 302

La Chambre ne passe pas à la discussion des articles. Et, de ce fait, la proposition est rejetée[27]. L'amnistie ne sera chose faite qu'avec l'adoption de la loi du 11 juillet 1880.

Mort de Marie-Apolline

À la fin de l'année 1876, Raspail traverse une terrible épreuve qui endeuillera la fin de sa vie : sa fille Marie-Apolline décède le 11 décembre. Elle s'est éteinte à Monte-Carlo, entourée d'Emile et de Xavier, le seul dont elle acceptait alors les soins et les médicaments.

Marie-Apolline, toute jeune encore, avait fait à sa mère mourante le serment de prendre soin de son père chéri et de ne jamais le quitter. Elle a vécu douloureusement son inique condamnation et son incarcération en 1874.

Depuis, elle a présenté tous les signes d'une phtisie pulmonaire qui n'a cessé de s'aggraver et qui aurait nécessité son envoi dans le Sud. Du fait de sa condamnation à huit mois de prison pour la publication de sa brochure *De la nécessité de l'amnistie*, Xavier ne pouvait pas l'accompagner et Marie refusait de partir seule. Quand, enfin, elle s'est résignée à le faire, il était déjà trop tard.

Son corps est rapatrié par le rapide Marseille-Paris. À Lyon, en gare de Perrache, les militants de la Démocratie sociale et les ouvriers délégués des principaux arrondissements attendent le convoi sur le quai. Ils sont là, nombreux, attristés, déposent trois grandes couronnes blanches, puis étreignent Emile et Xavier, avant que le train ne reparte.

Les obsèques ont lieu le 17 décembre. Dans la maison familiale, Marie repose dans la vaste salle de la bibliothèque. En fin de matinée, elle est placée sur un grand char funéraire, drapé de blanc, parsemé d'étoiles d'argent et couvert de centaine de fleurs jaunes et rouges. Raspail, soutenu par Emile et Xavier, veut suivre quelques mètres au moins. Le cortège franchit les grilles de la maison d'Arcueil, ornées également de grandes tentures blanches et de lamés d'argent. Plusieurs centaines d'amis, de proches et de voisins se pressent derrière la famille. Parvenu en voiture à la barrière d'Enfer, le convoi, devenu de minute en minute plus impressionnant, traverse les grands boulevards, le quai de la Rapée, se trouve débordé par la foule à la Bastille puis immobilisé longuement sur la place Voltaire, avant d'atteindre le Père-Lachaise. Tout au long du parcours, des cris nombreux de « Vive la république », mêlés à ceux de « Vive Raspail » se font entendre.

La foule est maintenant silencieuse. Faisant face au cercueil, l'ami Nadaud[28] termine son discours où il assure Raspail de la solidarité des ouvriers. Sous la pluie, les quatre frères, Benjamin, Emile, Camille, Xavier, se tiennent unis derrière leur père figé dans la douleur.

Devant le tombeau des Raspail où se dresse le statut d'Adélaïde en marbre blanc, enveloppée de son suaire, le patriarche, surmontant son chagrin, prononce un ultime et vibrant éloge de Marie « le modèle des filles ».

Rongé par la culpabilité, il restera convaincu que le mal qui a emporté sa fille a été contracté dans la prison qu'elle voulait partager avec lui.

Réélection à Marseille

Le 18 mai 1877, les 363 députés républicains, issus des électons législatives de 1876, adressent un manifeste au président de la République, Patrice de Mac Mahon[29], pour lui exprimer leur opposition à la politique qu'il mène et à l'installation du duc de Broglie, un fervent monarchiste, à la présidence du Conseil. Le manifeste est rédigé de la main d'Eugène Spuller, proche de Léon Gambetta qui est à la pointe du combat. Raspail est parmi les 363 qui tiennent tête à Mac-Mahon. Ce dernier décide alors, avec l'accord du Sénat, de dissoudre la chambre des députés. De nouvelles élections sont prévues pour le mois d'octobre.

En dépit de sa santé chancelante, Raspail n'hésite pas à briguer un nouveau mandat. Il sollicite la confiance des électeurs de Marseille, les adjurant de lui permettre de livrer ce dernier combat qu'il considère comme un honneur.

Les élections sont un échec pour le président Mac-Mahon, le camp républicain remportant 313 sièges sur 533. Raspail est réélu le 14 octobre. Mac-Mahon doit alors s'incliner en rappelant au gouvernement le modéré Jules Dufaure[30]. Les pétitionnaires, par leur ténacité et leur cohésion ont sauvé la République.

Raspail a 83 ans. Le voici encore doyen d'âge de la Chambre des députés. Et appelé à présider une fois de plus la séance d'ouverture de la session parlementaire. Pour préparer son allocution, il s'installe avec Benjamin à Versailles, à proximité de l'Assemblée. Le 6 novembre, la veille de la séance inaugurale, il peaufine son discours jusqu'à onze heures du soir puis demande à Benjamin d'en faire des copies qui sont signées par ses soins. Il se couche vers minuit et demi. Mais, deux heures plus tard, Benjamin est réveillé par les plaintes de son père. Le vieil homme a eu un malaise qui l'a précipité hors du lit. Pris par des étouffements, il peine à se relever et parvient enfin à se recoucher. Manifestement, il n'est pas en mesure de s'acquitter de sa charge, ce dont le questeur de l'Assemblée est aussitôt avisé.

Camille et Emile, accourus à la demande de Benjamin, prodiguent leurs soins au patient, si bien que quatre jours plus tard il est de retour à l'Assemblée. Il y siège, sans désemparer, jusqu'au 14 décembre.

Mort et obsèques de Raspail

À partir de la deuxième quinzaine de décembre, Raspail s'installe chez Emile à Arcueil où il passe le jour de l'an en famille. Mais déjà, la maladie le rattrape. Il se plaint de douleurs dans la poitrine. Camille et le Docteur Duprè[31] diagnostiquent une double pneumonie. En dépit du traitement instauré, ils ne parviennent pas à soulager le patient qui vit maintenant reclus dans sa chambre, dont les murs sont tapissés des photos de Marie. Son état de santé se détériore rapidement. Des crises violentes avec expectorations et spasmes ne cèdent que temporairement à la médication.

Xavier, toujours en exil, qui a obtenu un sauf-conduit du ministère de l'intérieur, arrive le 6 janvier pour embrasser son père. Le patriarche a la joie de voir les siens réunis autour de lui.

Le 7 janvier 1878, après avoir souffert cinq jours sans perdre un seul instant sa présence d'esprit et sa sérénité habituelle, Raspail expire à huit heures quarante du soir.

À la séance suivante de la Chambre des députés, le 9 au matin, le doyen d'âge, le vieux républicain Desseaux[32], prononce son oraison funèbre.

Le Constitutionnel du 13 janvier annonce son enterrement pour le jour même, non sans redouter les débordements qui ont marqué les obsèques du duc de La Rochefoucauld[33], celles du général Lamarque[34], et, plus récemment, celles de Victor Noir :

« C'est aujourd'hui qu'auront lieu les obsèques de Raspail. Le doyen du parti révolutionnaire sera enterré civilement, cela va sans dire [...] Mais il n'était point athée. Il avait trop scruté les secrets de la nature pour ne pas croire à un être supérieur increé ayant donné le mouvement des choses.

C'est sans doute cette religion naturelle de Raspail qui transforme son irréligion à nos yeux et la rend moins blessante. Du reste Raspail, malgré ses exagérations et ses violences, était un homme tout particulièrement sympathique, même à ceux qui partageaient le moins ses idées [...] Les grandes villes de France se font toutes représenter à l'enterrement de Raspail. On peut s'attendre à une grandiose et pacifique manifestation [...] Et est-ce sous un régime qui envoie à la suite du cercueil du vieux révolutionnaire un cortège d'honneur composé de députés, de sénateurs et de soldats qu'une manifestation populaire troublant l'ordre public peut se produire ?

L'enterrement de Raspail sera ce que les organisateurs de la cérémonie funéraire désirent qu'il soit : un deuil populaire. Il sera porté avec recueillement et respect ».

Le 13 janvier donc, le convoi funèbre quitte Arcueil à midi cinquante aux cris « Vive la République ! Vive l'amnistie ! ». Sur un signe des députés républicains présents, ces cris cessent aussitôt, mais reprennent sur le passage du convoi.

Le char est couvert de couronnes. On remarque à l'arrière du véhicule une couronne d'immortelles, entourées d'une couronne d'épines, placée à cet endroit par la famille Raspail. Une autre couronne porte l'inscription « Amnistie ! ».

Le cortège, évalué à 60 ou 70000 personnes, entre par la porte d'Orléans. Les cordons du poêle sont tenus par MM. Floquet, député ; Tolain sénateur ; Pelletan, représentant la presse ; Lefèvre, conseiller général de la Seine ; Garnier représentant la franc-maçonnerie ; Labadié, député des Bouches-du Rhône.

Gambetta, un grand nombre de députés et de sénateurs, ainsi qu'une importante délégation de la Chambre assistent aux funérailles. Le deuil est conduit par Xavier, Camille, Emile et ses trois enfants en bas âge. Benjamin, du fait de son infirmité, suit en voiture.

De la barrière à la Bastille, par le boulevard de l'Hôpital et le pont d'Austerlitz, l'affluence ne cesse d'augmenter. Les cris de : « Vive Raspail ! vive la République ! vive l'amnistie ! » deviennent plus nourris. À deux heures moins le quart, au moment où le cortège franchit la ligne des fortifications, on compte plus de cent mille participants. À la traverse du boulevard Voltaire, les cris retentissent de tous côtés ; la manifestation devient impressionnante.

Le cortège se présente au cimetière qui a été préalablement vidé par les soins de la police. Les membres de la famille, les délégués, les sénateurs et les députés, le public sont admis à y pénétrer. Ils se rendent en foule au caveau de la famille Raspail qui est situé au rond-point Casimir Périer.

Devant les spectateurs recueillis, Louis Blanc prononce un discours dans lequel il retrace les principales périodes de l'action politique de Raspail et raconte les différentes phases de sa vie et de son œuvre scientifique. Il termine son allocution en décernant au défunt un brevet d'immortalité :

> « Et maintenant, dirons-nous : Il n'est plus ? , s'exclame-t-il, Non, non, car ce que nous reste de lui, c'est ce qu'il fut vraiment lui ; c'est sa forte intelligence burinée dans ses écrits ; c'est son noble cœur conservé dans ses actes ; c'est son influence prolongée par l'histoire de ce qu'il a été et de ce qu'a fait [...] Ne disons donc pas : il n'est plus. Disons : Il reste avec nous, dans nous, et en donnant son corps à la terre, il ne fait qu'entrer dans l'immortalité par la mort ».

Des applaudissements frénétiques suivis des cris mille fois répétés de « Vive la République ! » accueillent ce panégyrique.

Après Louis Blanc, Bouchet[35] prend la parole, notamment pour expliquer pourquoi Raspail a été choisi comme député du Rhône.

Enfin, Alfred Naquet intervient à son tour. Dans son exposé, il s'attarde longuement sur la jeunesse de Raspail à Carpentras, se faisant l'émissaire du département du Vaucluse où l'émotion est profonde. Puis, il décrit en détail ses contributions éminentes à la politique et à la science, qui ont fait l'objet de bon nombre de ses combats :

> « Raspail, déclare-t-il, était un savant en même temps qu'un héros républicain, et la science a été pour lui comme la politique un véritable champ de bataille où il a beaucoup donné et peu reçu ».

Deux autres discours sont ensuite prononcés au nom des loges maçonniques et des corporations ouvrières. À 7 heures du soir, l'animation n'a pas encore cessé au quartier de la Bastille et de la Roquette[36].

Tel a été l'hommage que la nation unanime, reconnaissant enfin ses mérites, a rendu à François-Vincent Raspail.

Épilogue

L'homme politique, le scientifique ou le vulgarisateur, laquelle de ces trois facettes du personnage hors du commun que fut François-Vincent Raspail doit-on privilégier ?

Il ne fait aucun doute que les esprits ont été durablement marqués par son action politique. Dès la parution du premier numéro du *Réformateur* en 1834, Raspail a manifesté la maitrise d'une pensée et d'une doctrine à la fois résolument républicaine, véritablement sociale et progressiste, hautement réformatrice et qui restera la sienne jusqu'au bout.

Certes, il s'est inscrit davantage dans la démarche de Saint-Simon[1] et de Fourier[2], par sa vision utopique des rapports sociaux, ou de Proudhon[3], par sa contestation de l'autorité de l'état, que dans celle de Karl Marx[4] qui a compris que l'industrialisation et les progrès économiques avaient favorisé l'émergence du prolétariat en tant que nouvelle classe sociale, créant ainsi le concept de lutte des classes.

Mais, son combat opiniâtre pour la démocratie et l'instauration d'une République sociale a posé les bases des réformes politiques et sociales qui seront réalisées par la suite. Il s'est affirmé comme un défenseur inconditionnel du suffrage universel auquel les Républicains étaient fortement attachés. Au-delà, il s'est battu pour la liberté de la presse et de réunion, pour l'instruction laïque, gratuite et obligatoire, pour la mise en place d'une réforme pénitentiaire qui, pendant toute sa carrière politique, sera une de ses revendications essentielles. Autant de réformes qui surviendront après sa mort. Visionnaire, il a préconisé d'autres changements radicaux qui ne verront le jour qu'au courant du vingtième siècle : décentralisation, suppression de la peine de mort, influence de l'environnement sur la santé.

Convaincu que l'idéologie collectiviste n'est pas en mesure de résoudre les problèmes économiques et sociaux, il s'est affirmé résolument comme un réformiste et non comme un révolutionnaire, une stratégie dont le siècle suivant démontrera l'efficacité.

Autodidacte et n'appartenant pas au monde universitaire, Raspail a été mis à l'index par les instances académiques. Hormis Geoffroy Saint-Hilaire, des savants réputés, notamment comme Cuvier, n'ont pas voulu ou n'ont pas su reconnaitre l'importance de ses contributions à la science.

Quand on songe aux moyens rudimentaires de recherche dont il disposait, on ne peut être qu'admiratif face à l'ampleur des perspectives ouvertes par ses travaux. De fait, Raspail a pleinement sa place dans le groupe des botanistes français qui ont participé à l'éclosion de la théorie cellulaire. Dès 1827, il a soutenu que la cellule est l'unité élémentaire de la matière vivante aussi bien végétale qu'animale, soit une dizaine d'années avant que les allemands Schleiden[5] et Schwann ne formulent leur célèbre théorie. Il a été le fondateur d'une nouvelle science, l'histochimie, qui offre la possibilité d'analyser la composition chimique des cellules sur la platine du microscope. Par ailleurs, ses études sur les graminées ou les animaux fossiles fournissent un témoignage indiscutable de ses qualités de chercheur. Enfin, de façon plus générale, il a été un artisan du décloisonnement des disciplines scientifiques, ce qui sera une des caractéristiques de la science du vingtième siècle.

Vulgarisateur, Raspail l'a surtout été dans le domaine de l'agriculture. À ce propos, il a exprimé clairement son désir : vulgariser, mettre à la portée de toutes les intelligences et de toutes les bourses, la substance des découvertes scientifiques en matière agronomique.

En revanche, d'aucuns lui contestent ce rôle dans le champ de la santé et de la maladie, considérant qu'il est « le talentueux promoteur d'un Système - le sien - et non le prétendu vulgarisateur du Savoir médico-scientifique de l'époque ». En d'autres termes, il n'a pas simplifié les idées médico-scientifiques issues d'un corpus scientifique de référence pour les transmettre à ceux qui ont soif de connaissances, il s'est contenté d'exposer et de diffuser des idées systématisées et pseudo-scientifiques, « affirmées de façon péremptoire comme autant d'arguments d'autorité ». Sur ce point, il ne serait donc qu'un pseudo-vulgarisateur[6].

Néanmoins, son Système a eu un impact populaire incontestable. Raspail a été, pour les plus défavorisés, le promoteur d'une médecine sociale, bien plus douce et réconfortante que la médecine officielle taxée d'inefficacité et de mercantilisme. Son apport, peut-être le plus significatif, est d'avoir introduit des règles d'hygiène à observer dans la vie quotidienne, alors que l'asepsie, l'antisepsie et même la propreté ne figuraient pas encore au rang des valeurs médicales.

Au final, la politique, la science, la vulgarisation sont les trois composantes indissociables de la personnalité de Raspail, lui conférant toute sa richesse et sa complexité. Mais, par-dessus tout, ce qui a produit cet entremêlement prolifique, c'est son courage politique, sa vaste culture, sa curiosité insatiable, son humanisme et sa générosité pour transmettre le fruit de son savoir. Autant de qualités humaines qui justifient que Raspail doive rester à jamais présent dans notre mémoire.

Notes

Chapitre I - Les jeunes années dans le Vaucluse

[1] Cité par Marthe Saquet-Coulomb in : « François-Vincent Raspail de la science aux barricades » d'après « Histoire de ma vie et du siècle » par F-V Raspail. p. 17.
[2] Ibid. pp. 32-33.
[3] Les données sur la petite enfance de F.V. Raspail sont rapportées par Patricia et Jean-Pierre Bédéï in : « Raspail savant et républicain rebelle » d'après « Histoire de ma vie et du siècle » par F-V Raspail. pp. 14-15.
[4] Joseph-Siffrein Eysséric (1745-1822). Abbé. Savant modeste. Professeur vénéré de F.V. Raspail.
[5] Joseph Fortunet (1768-1859). Abbé. Musicien carpentrassien.
[6] Après la suppression des séminaires par la Révolution et le séquestre de leurs biens, un nouveau séminaire diocésain est rétabli à Avignon, et ouvre ses portes en 1810 dans un immeuble de la rue Dorée. Le premier supérieur en est l'abbé Sollier, d'Apt, qui a été professeur de théologie avant la Révolution. Celui-ci organise l'établissement - à nouveau placé sous le vocable de Saint-Charles – ainsi que les études, et reconstitue la bibliothèque.
[7] Marie Dominique Sibour (1792-1857). Evêque du diocèse de Digne puis archevêque de Paris.
[8] Henri Sollier (1761-1838). Abbé. Directeur du séminaire d'Avignon. Evêque de Luçon.
[9] Jean-François Périer (1740-1824). Ecclésiastique. Député aux États généraux de 1789. Evêque constitutionnel du Puy de Dôme. Archevêque d'Avignon.
[10] Lettre de Jean-Pierre André, à son ami Jean, 6 août 1871. Arch. Départ. Val-de-Marne.
[11] La Cathédrale Saint-Siffrein, construite au XVe et XVIe siècles, a été le siège de l'ancien diocèse de Carpentras. Elle est dédiée à saint Siffrein de Carpentras (ou saint Siffredus), qui fut évêque de la ville. Le diocèse

a été supprimé lors du Concordat de 1801 et incorporé dans le diocèse d'Avignon.

[12] Membres de groupes royalistes qui menèrent une lutte contre-révolutionnaire après le 9 Thermidor de l'an II et en 1815.

[13] Charles-Philippe de France, comte d'Artois (1757- 1836). Roi de France et de Navarre de septembre 1824 à août 1830, sous le nom de Charles X.

[14] Le surnom de Trestaillons aurait été attribué à Jacques Dupont soit parce qu'il aurait eu l'habitude de tailler ses victimes en trois tronçons soit, plus simplement, parce qu'il possédait trois « taillons » de vigne.

[15] Pointu et sa bande quittent Avignon pour aller dans les environs à « la chasse aux fédérés ». Ils rayonnent sur la rive droite et la rive gauche du Rhône et partout ils rançonnent, pillent, brulent, et tuent.

[16] Guillaume Brune (1763-1815). Maréchal d'Empire. Assassiné à Avignon.

[17] Jean-Pierre Ramel (1768-1815). Général de brigade. Assassiné à Toulouse.

Chapitre II –Paris : débuts en politique

[1] Claude Rosalie Liautard (1774-1842). Abbé. Fondateur sous la Restauration d'un grand nombre de petits séminaires. Précepteur du duc de Bordeaux. Evêque de Blois.

[2] Charles Ghislain Vilain Quatorze (1803-1878). Vicomte issu d'une illustre famille belge. Homme d'état catholique et conservateur. L'un des députés qui ont proposé Léopold de Saxe-Cobourg-Gotha comme roi des Belges sous le nom de Léopold 1er.

[3] François Nicolas Bavoux (1774-1848). Magistrat. Député membre de l'opposition libérale. Préfet de police en juillet 1830.

[4] Benjamin Constant de Rebecque (1767-1830). Romancier. Homme politique, d'origine vaudoise.

[5] Louis-Antoine Pagès dit Garnier-Pagès (1803-1878). Homme politique. Membre du gouvernement provisoire de 1848. Maire de Paris en 1848. Membre du gouvernement de la Défense nationale en 1870-1871.

[6] Joseph Étienne, dit Étienne de Jouy (1764-1846). Dramaturge. Librettiste.

[7] Étienne Aignan (1773-1824). Administrateur. Journaliste, Dramaturge. Traducteur.

[8] Évariste Dumoulin (1786-1833). Journaliste. Fondateur successivement des journaux *Le Messager*, *La Minerve française*. Participe aux journées de juillet 1830.

[9] Antoine Jay (1770-1854). Journaliste. Historien. Homme politique.

[10] Pierre Louis de Lacretelle (1751-1824), dit « Lacretelle l'aîné ». Député en activité sous la Révolution et le Consulat. Membre de l'Académie française dès 1804.

[11] Pierre-François Tissot (1768-1854). Littérateur. Professeur au Collège de France. Directeur du journal *Le Constitutionnel*. L'un de ceux qui ont introduit Raspail auprès des hommes de lettres, alors qu'il suivait ses cours au Collège de France.

[12] Pierre-Jean de Béranger (1780-1857). Chansonnier très populaire à son époque.

[13] *La Minerve française*, février 1819, tome cinquième, p. 223.

[14] Ibid. p. 226.

[15] Sylvestre de Sacy (1758-1838). Orientaliste. Enseigne le persan au Collège de France. Recteur de l'Université (1815). Administrateur au Collège de France (1823). Paire de France (1832).

[16] Pierre de Lanneau de Marey (1758-1830). Prêtre défroqué et éducateur lié à la franc-maçonnerie après sa rupture avec l'Église pendant la Révolution. Fondateur en 1798 du Collège Sainte-Barbe qu'il a dirigé jusqu'à sa mort.

[17] Armand-Emmanuel de Vignerot du Plessis, duc de Richelieu (1766-1822). Officier, diplomate et homme politique de la Restauration. Président du Conseil des ministres du 26 septembre 1815 au 29 décembre 1818, et du 20 février 1820 au 14 décembre 1821.

[18] Joseph de Villèle, comte de Villèle (1773-1854). Homme politique de la Restauration. Président du Conseil des ministres entre 1821 et 1828.

[19] Lettre de FV Raspail à son frère ainé Joseph, 6 octobre 1818 – AM. François Ay.

[20] Pierre-Joseph de Clorivière (1735-1820). Prêtre jésuite et écrivain chargé de réorganiser la Compagnie de Jésus en France lorsqu'elle a été restaurée en août 1814.

[21] Jean-Baptiste Rauzan (1757-1847). Prêtre. Fondateur des Prêtres de la Miséricorde.

[22] Charles-Auguste de Forbin-Janson (1785-1844). Prêtre. Organisateur, avec Jean-Baptiste Rauzan, de l'œuvre des missions. Evêque de Nancy et de Toul. Primat de Lorraine.

[23] Leroy, Michel. *1. Les Jésuites sous la Restauration : du gouvernement occulte à la Congrégation.* In : Le mythe jésuite. De Béranger à Michelet, sous la direction de Leroy Michel. Presses Universitaires de France, 1992, pp. 11-64.

[24] Les Missionnaires pp. 41-42.

[25] Alain Bauer, Pierre Mollier. *La République maçonnique.* In : Le Grand Orient de France, PUF Que sais-je ? 2012, pp. 30 à 41.

[26] Sainte liberté ! Ton nom n'est pas un blasphème, discours prononcé à la Loge d'adoption des amis bienfaisants... 16 mars 1822, par le F... Raspail, Paris, Corréard, 1822, BnF HP-869.

[27] Saint-Amand Bazard, dit aussi Armand Bazard (1791-1832). Vénérable de la loge « Les Amis de la Vérité ». L'un des fondateurs et dirigeants de la Charbonnerie française. Promoteur de la doctrine de Saint-Simon.

[28] Philippe Buchez (1796-1865). Médecin. Homme politique. Historien. Sociologue.

[29] Pierre Dugied (1798-1879). Médecin. Membre de la charbonnerie et du mouvement saint-simonien.

[30] Nicolas Joubert (vers 1796-1866). Commis, puis directeur de l'octroi. Carbonaro. Franc-maçon.

[31] Gilbert du Motier, marquis de La Fayette (1757-1834). Officier et homme politique. Célèbre en raison de son engagement dans les rangs de l'armée des insurgés américains (1777-1783), puis dans l'aile libérale et réformiste de l'aristocratie française.

[32] Cité par Patricia et Jean-Pierre Bédéï in : *François Raspail. Savant et républicain rebelle* p. 42.

[33] Jacques Charles Dupont dit Dupont de l'Eure (1767-1855). Homme d'État. Témoin et acteur de trois révolutions : 1789, 1830 et 1848.

[34] Marc-René-Marie de Voyer de Paulmy, marquis d'Argenson (1771-1842). Grand ami de Lafayette, de Madame de Staël et de Saint-Simon. Député de 1815 à 1834, presque sans interruption. Farouche opposant à la Restauration et à la monarchie de Juillet.

[35] Jacques-Antoine Manuel (1775-1827). Avocat. Homme politique libéral.

[36] Antoine Bourreau de Beauséjour (1771-1855). Homme politique. Député de 1819 à 1824, siégeant dans l'opposition libérale, et de 1831 à 1834, siégeant à gauche.

[37] Maximilien Sébastien Foy (1775-1825). Général du Premier Empire. Homme politique.

[38] Jean-Gilbert Victor Fialin, duc de Persigny (1808-1872). Homme politique.
[39] Joachim René Guillard de Kersausie (1798-1874). Officier. Membre de la Charbonnerie. A participé à la Révolution de 1830. L'un des leaders de la Société des droits de l'homme, fondée en 1832.
[40] Jean Bories (1795-1822). Sergent-major au 45e régiment d'infanterie de ligne.
[41] Jean Pommier (1796-1822). Sergent au 45e régiment d'infanterie de ligne.
[42] Charles Raoulx (1796 ? -1822). Sergent au 45e régiment d'infanterie de ligne.
[43] Charles Goubin (1802-1822). Sergent au 45e régiment d'infanterie de ligne.
[44] Cité par Patricia et Jean-Pierre Bédéï in : *François Raspail. Savant et républicain rebelle* p. 45.
[45] Léon Abensour *Les saint-simoniens et le réveil du féminisme.* In : Histoire générale du féminisme. Paris, Delagrave, 1921, pp. 205-21.
[46] Claire Bazard (1794-1883), née Claire Joubert. Figure féminine emblématique des saint-simoniens.
[47] Cécile Fournel cousine puis épouse d'Henri-Jérôme-Marie Fournel dit Henri Fournel, (1799-1876), ingénieur des mines et militant saint-simonien.
[48] Marie Talon. Membre de la hiérarchie saint-simonienne, avant l'exclusion des femmes pour cause d'autonomisation.

Chapitre III – Le savant inspiré

[1] Alessandro Volta (1745-1827). Physicien et chimiste lombard.
[2] Joseph Louis Gay-Lussac (1778-1850). Chimiste et physicien.
[3] Hans Christian Ørsted (1777-1851) Physicien et chimiste danois.
[4] Nicolas Léonard Sadi Carnot (1796-1832). Polytechnicien. Physicien et ingénieur.
[5] George Stephenson (1781-1848). Ingénieur et inventeur britannique.
[6] J.-L. Fischer *L'essor de la biologie au XIXe siècle.* In : Histoire et philosophie des sciences, 2013, pp. 52-67.
[7] Theodor Gustav August Roose (1771-1803). Médecin allemand. Professeur d'anatomie et de physiologie.

[8] Jean-Baptiste de Lamarck (1744-1829). Naturaliste. Botaniste. Zoologiste

[9] Georges Cuvier (1769-1832). Anatomiste. Promoteur de l'anatomie comparée et de la paléontologie.

[10] Etienne Geoffroy Saint-Hilaire (1772-1844). Naturaliste. Zoologiste. Homme politique. Secrétaire de l'Académie des Sciences.

[11] Martin Le Baillif (1764-1831). Recherches en physique, optique, chimie et biologie. Inventeur du sidéroscope, un instrument mesurant le magnétisme des corps.

[12] Carl von Linné (1707-1778). Naturaliste suédois. Fondateur du système moderne de la nomenclature binominale.

[13] Benjamin Delessert (1773-1847). Botaniste. Homme d'affaires. Homme politique.

[14] Nouveau système de Physiologie végétale et de Botanique, 1837, tome 1, Introduction, p. VIII.

[15] René Desfontaines (1750-1833). Botaniste français. Directeur du Muséum d'histoire naturelle.

[16] Louis Marie Aubert du Petit Thouars (1758-1831). Botaniste. Académicien.

[17] Carl Bernhard von Trinius (1778-1844). Médecin et botaniste allemand, installé en Russie à partir de 1804. Membre de l'Académie impériale des sciences.

[18] F.-V. Raspail *Mémoires sur la famille des graminées 3° Le développement de la fécule dans les organes de fructification des céréales et l'analyse microscopique de la fécule dans les céréales,* pp. 1-2. Le microscope a été construit par l'opticien Deleuil, 24 rue Dauphine à Paris, selon les instructions données par Raspail. Il est une reproduction de celui fabriqué par l'opticien anglais John Cuff en 1742.

[19] Ibid. p. 5.

[20] Ibid. p. 28.

[21] André Étienne de Ferrussac (1786-1836). Encyclopédiste. Géographe. Naturaliste.

[22] Jacques Frédéric Saigey (1797-1871). Mathématicien.

[23] François Magendie (1783-1855). Physiologiste. Maitre de Claude Bernard.

[24] Louis Jacques Thénard (1777-1857). Chimiste. Professeur au Collège de France et à la Faculté des Sciences de Paris. Auteur d'une classification des métaux. Découvreur de l'eau oxygénée.

[25] Auguste Comte (1798-1857). Philosophe. Sociologue. Fondateur du positivisme.

[26] Louis Auguste Blanqui (1805-1881). Révolutionnaire socialiste, surnommé « L'Enfermé » du fait du temps considérable passé en prison.
[27] Gaspard Monge (1746-1818). Mathématicien. Homme politique.
[28] Antoine François Fourcroy (1755-1809). Chimiste. Député à la Convention nationale.
[29] Antoine Laurent Lavoisier (1743-1794). Chimiste. Philosophe et économiste. Fondateur de la chimie moderne.
[30] Bernard Germain de Lacépède (1756-1825). Zoologiste. Homme politique.
[31] Claude-Louis Berthollet (1748-1822). Chimiste.
[32] *Mémoire sur l'hordéine, le gluten, et sur la difficulté d'isoler, par les procédés en grand, les différens principes dont se compose une farine.* Mémoires du Muséum d'Histoire Naturelle, 1827, tome VI, pp. 293-294.
[33] *Recherches physiologiques sur les graisses et le tissu adipeux*. Répertoire général d'anatomie et de physiologie pathologiques et de clinique chirurgicale, 1827, tome 3, pp.165-182.
[34] *Premier mémoire sur la structure intime des tissus de nature animale*. Ibid. 1827, tome 4, pp. 148-161- Deuxième mémoire. Ibid. 1828, tome 6, pp. 135-154.
[35] Gilbert Breschet (1784-1845). Médecin.
[36] *Anatomie microscopique des nerfs. Répertoire général d'anatomie et de physiologie pathologiques et de clinique chirurgicale*, 1827, tome 4, pp. 185-192.
[37] *Anatomie microscopique des flocons du chorion de l'œuf humain.* Ibid. 1828, tome 5, pp. 211-216.
[38] Voir Michel Janier *Histoire du Sarcopte de la Gale*. Hist. Sci. Méd., 1994, tome XXVIII, n° 4, pp. 365-374.
[39] Annales des sciences d'observation, 1829, tome II, n° 3, p.446.
[40] *Mémoire comparatif sur l'histoire de l'insecte de la gale*. Paris, Au bureau du Bulletin général de thérapeutique : Baillière, 1834. 22 p.
[41] Annales des sciences de l'observation, 1829, tome 1, p.1.
[42] Robert Hooke (1635-1703). Scientifique polymathe anglais. Description des « premières cellules » observées sur des coupes de liège.
[43] Marcello Malpighi (1628-1694). Médecin et naturaliste italien. Considéré comme le fondateur de l'anatomie microscopique ou histologie
[44] Nehemiah Grew (1641-1712). Botaniste et médecin anglais.
[45] Albrecht von Haller (1708-1777). Médecin, naturaliste. Auteur du premier traité de physiologie générale.

[46] Georges-Louis Leclerc de Buffon (1707-1788). Savant polymathe. Naturaliste. Auteur de l'« Histoire naturelle, générale et particulière avec la description du Cabinet du roi ».

[47] G. L. Buffon Histoire naturelle générale et particulière, tome 2, p. 20.

[48] Felice Fontana (1730-1805). Physicien et naturaliste italien.

[49] F. Fontana *Traité sur le venin de la vipère, sur les poisons américains, sur le laurier-cerise et sur quelques autres poisons végétaux*, Florence, 2 vol., 1781, t. 2, p. 234-35.

[50] Lorenz Oken (1779-1851). Médecin, naturaliste allemand. Membre de l'école allemande des philosophes de la nature.

[51] L. Oken *Die Zeugung*, cité par Ch. Singer Histoire de la Biologie, Edition française F. Gidon, Paris : Payot, 1934, p.358.

[52] Kurt Sprengel (1766-1833). Médecin allemand.

[53] Johann Moldenhawer (1766-1827). Professeur de botanique à l'Université de Kiel.

[54] Dietrich Georg von Kieser (1779-1862). Naturaliste. Professeur de médecine à l'Université d'Iéna.

[55] Charles-François Brisseau de Mirbel (1776-1854). Intendant des jardins de Malmaison. Membre de l'Académie des Sciences. Professeur au Muséum d'histoire naturelle à Paris.

[56] Henri Dutrochet (1776-1847). Botaniste éminent. Membre de l'Académie des Sciences.

[57] Pierre Jean François Turpin (1755-1840). Botaniste. Illustrateur.

[58] Mémoires de la société d'histoire naturelle de Paris, 1827, tome 3, p. 86.

[59] Ibid. p. 306.

[60] Ibid. pp. 308-309.

[61] *Nouveau système de Chimie organique, fondé sur des méthodes nouvelles d'observation*, 1838, tome 1, pp.78-79.

[62] *Nouveau système de physiologie végétale et de botanique*, 1837, tome.1, p. 211

[63] *Histoire naturelle de la santé et de la maladie chez les végétaux et chez les animaux en général et en particulier chez l'homme*, 1843, t.1, p. 23.

[64] Theodor Schwann (1810-1882). Physiologiste, histologiste et cytologiste allemand.

[65] Th. Schwann *Mikroskopische Untersuchungen über die Übereinstimmung in der Struktur und dem Wachstum der Thiere und der Pflanzen*, Berlin, G.E. Reimer, 1839.

[66] *Histoire naturelle de la santé et de la maladie chez les végétaux et chez les animaux en général et en particulier chez l'homme*, 1843, t.1, pp. 46-47.

[67] Rudolf Virchow (1821-1902). Médecin pathologiste et homme politique prussien. L'un des fondateurs de l'anatomie pathologique moderne.

[68] Justus Liebig (1803-1873). Chimiste allemand.

[69] Jöns Jacob Berzelius (1779-1848). Savant suédois. Considéré comme l'un des fondateurs de la chimie moderne.

[70] Jan Swammerdam (1637-1680). Naturaliste néerlandais. L'un des pionniers de l'usage du microscope en biologie.

[71] Heinrich Friedrich Link (1767-1851). Médecin. Botaniste allemand.

[72] Jean-Jacques Colin (1784-1865). Chimiste. Professeur à l'Ecole spéciale militaire de Saint-Cyr.

[73] Henri-François Gaultier de Claubry (1792-1878). Chimiste et pharmacien. Professeur de toxicologie à l'Ecole de pharmacie de Paris.

[74] Annales de chimie, 1814, 90, pp.87-100.

[75] *Nouveau réactif propre, dans les expériences de chimie microscopique, à faire distinguer le sucre, l'huile, l'albumine et la résine*. Annales des sciences d'observation, 1829, tome 1, pp.72-93.

[76] *Essai de chimie microscopique*, p.6.

[77] *Nouveau système de chimie organique*, 1833, p. 31.

[78] Ibid., 1838, tome 1, pp. 261-262.

[79] Ibid., 1838, tome 1, p. 316.

[80] Everson Pearse (1916-2003). Professeur anglais. Histochimiste. Spécialiste de l'étude des constituants cellulaires *in situ*, notamment des enzymes.

[81] First international congress of histochemistry and cytochemistry, Paris, Pergamon Press, 1960.

[82] L. Cayeux *Raspail inventeur de la microchimie*, Rev. Sci., 1914, n° 25, pp. 776-778.

[83] Martin Frobenius Ledermüller (1719-1769). Microscopiste bavarois.

[84] *Nouveau système de chimie organique*, 1833, p. 61.

[85] Ibid. p. 534.

[86] Ibid. pp. 535-538.

[87] Ibid. p. 540.

Chapitre IV – L'opposant à la monarchie de juillet

[1] Jean-Baptiste Gaye, vicomte de Martignac (1778-1832). Avocat. Homme d'état. Président du conseil de janvier 1828 à août 1829.

[2] Jules de Polignac (1780-1847). Homme politique. Ultra royaliste. Président du conseil d'août 1829 à juillet 1830.

[3] Guillaume Isidore Baron comte de Montbel (1787-1861). Député de la Haute-Garonne. Ministre des finances en 1830.

[4] Pierre-Denis, comte de Peyronnet (1778-1854). Homme politique. Ministre de l'intérieur en 1830.

[5] Odilon Barrot (1791-1873). Homme d'État. Président du Conseil en 1848-1849.

[6] Adolphe Thiers (1797-1877). Avocat. Journaliste. Historien. Homme d'État. Plusieurs fois ministre sous la monarchie de juillet. Chef du pouvoir exécutif de la République française en 1871.

[7] Auguste de Marmont, duc de Raguse (1774-1852). Maréchal d'Empire. Pair de France. Considéré comme un traitre par les bonapartistes pour avoir négocié directement avec l'ennemi la reddition de son corps d'armée en 1814.

[8] Louis Vaneau (1811-1830). Elève de l'École polytechnique mort dans les combats de la Révolution de juillet à Paris.

[9] Casimir Perier (1777-1832). Banquier. Homme d'état. Régent de la Banque de France. Président du Conseil du 13 mars 1831 à sa mort, due à l'épidémie de choléra de 1832.

[10] Jacques Laffitte (1767-1844). Banquier. Homme d'état. Gouverneur de la Banque de France.

[11] François Mignet (1796-1884). Ecrivain, historien et journaliste. Conseiller d'État. Directeur des Archives du ministère des Affaires étrangères sous la monarchie de Juillet.

[12] Armand Carrel (1800-1836). Journaliste. Historien. Essayiste.

[13] *Réforme pénitentiaire-Lettres sur les prisons de Paris*, 1839, Première lettre, pp.7-8.

[14] Victor de Broglie (1785-1870). Président du Conseil sous la monarchie de Juillet.

[15] Siméon Denis Poisson (1781-1840). Mathématicien. Physicien

[16] Louis Jacques Thénard (177-1857). Chimiste.

[17] La famille Brongniart est une famille, originaire d'Artois (Pas-de-Calais), et établie vers 1737 à Paris. Ses membres se sont illustrés dans

divers domaines de l'art et de la science : notamment Alexandre-Théodore Brongniart (1739-1813), architecte, concepteur du palais Brongniart, Alexandre Brongniart (1770-1847), minéralogiste, Adolphe Brongniart (1801-1876), botaniste.

[18] Hippolyte Royer-Collard (1802-1850). Médecin. Professeur d'hygiène à la Faculté de médecine de Paris. Membre de l'Académie de médecine. Associé aux ministères de François Guizot.

[19] François Guizot (1787-1874). Historien. Homme d'État. Membre de l'Académie française. Plusieurs fois ministre sous la monarchie de Juillet, en particulier de l'Instruction publique, des Affaires étrangères. Président du Conseil en 1847, avant d'être renversé par la Révolution de 1848.

[20] Joseph Mérilhou (1788-1856). Avocat. Homme politique. Ministre de l'Instruction publique et des Cultes puis ministre de la Justice dans le gouvernement de Jacques Laffitte.

[21] Réforme pénitentiaire-Lettres sur les prisons de Paris, 1839, tome 1, Deuxième lettre, p. 19.

[22] Ibid. Cinquième lettre, pp. 65-67.

[23] Ibid. Neuvième lettre, pp.95-99.

[24] Charles Philibert de Lasteyrie (1759-1849). Agronome. L'un des premiers lithographes français.

[25] Casimir Delavigne (1793-1843). Poète et dramaturge.

[26] Réforme pénitentiaire-Lettres sur les prisons de Paris, 1839, tome 1, Treizième lettre, pp. 150-151 ; Quatorzième lettre, pp ; 152-159.

[27] Ibid. Quarante cinquième lettre, p. 301.

[28] Georges Mouton, comte de Lobau (1770-1838). Commandant de la garde nationale du département de la Seine. Sera nommé maréchal puis pair de France.

[29] Camille Bachasson, comte de Montalivet (1801-1880). Homme d'État. Pair de France. Plusieurs fois ministre sous la monarchie de Juillet.

[30] Jean-Claude Caron. La Société des Amis du Peuple. In : Romantisme, 1980, n°28-29. Mille huit cent trente. pp. 169-179.

[31] Ulysse Trélat (1795-1879)). Médecin. Homme politique.

[32] Réforme pénitentiaire-Lettres sur les prisons de Paris, 1839, tome 1, Vingt-cinquième lettre, p. 327.

[33] Antony Thouret (1807-1871). Avocat. Ecrivain. Homme politique.

[34] Évariste Galois (1811-1832). Mathématicien. Son nom a été donné à une branche des mathématiques dont il a posé les prémices, la théorie de Galois. Tué en duel à 21 ans.

[35] Considérée comme l'une des premières révoltes de la classe ouvrière de l'ère industrielle, la révolte des canuts, qui éclata à Lyon en novembre 1831, a pour origine un désaccord à propos des salaires entre les canuts (ouvriers des manufactures de soie) et les négociants de la soie.

[36] Henry ou Henri Bonnias (1800-1852). Homme politique de gauche proche d'Auguste Blanqui. Homme de lettres.

[37] La prison de La Force est un hôtel particulier qui a été transformé en maison de détention et a servi de prison pour la ville de Paris entre 1780 et 1845.

[38] Jean Maximilien Lamarque (1770-1832). Officier général qui a fait sa carrière dans les armées de la Révolution et de l'Empire.

[39] Godefroy Cavaignac (1801-1845). Activiste républicain.

[40] Charles Philibert de Lasteyrie (1759-1849). Agronome. L'un des premiers lithographes français.

[41] Jean-de-Dieu Soult,1er duc de Dalmatie (1769-1851). Militaire. Homme d'État.

[42] Etienne Cabet (1788-1856). Penseur politique qui le premier, en 1840, s'est défini comme « communiste ».

[43] Procès des Vingt-Sept ou de la Société des Droits de l'Homme et des Elèves de l'Ecole Polytechnique. Discours de Raspail et plaidoiries des avocats. Paris, Adolphe Riou, Directeur de la propagande républicaine, rue Traînée, n. 15,1834.

[44] Ibid. p. 48.

[45] Jean-Baptiste de Montyon (1733-1820). Intendant de diverses provinces. Conseiller d'Etat. Philanthrope, il a fondé trois prix, tous trois appelés prix Montyon. Les deux premiers sont décernés par l'Académie française : un prix de vertu, un prix littéraire. Le troisième est un prix scientifique remis par l'Académie des sciences.

[46] Bibl. du Muséum d'Histoire Naturelle, Ms.2888, f. 128.

[47] Cité par Patricia et Jean-Pierre Bédéï dans leur ouvrage « Raspail savant et républicain rebelle ». pp. 111-112.

[48] Lemoine Yves, Lenoël Pierre. Les aventures de la République. Souvenirs de FV Raspail. p. 227.

[49] Armand Marrast (1801-1852). Journaliste. Homme politique. Député à l'Assemblée constituante sous la IIe République. Se retire de la vie politique après son échec aux élections législatives en mai 1849.

[50] Thomas Robert Bugeaud (1784-1849). Maréchal de France. Gouverneur général de l'Algérie.

[51] Théophile Guillard de Kersausie (1798-1874). Neveu de La Tour d'Auvergne-Corret nommé par Napoléon Premier Grenadier de la République. Capitaine de hussards. Activiste républicain.

[52] Carl Ludwig Börne (1786-1837). Ecrivain, journaliste et critique théâtral allemand. Il est considéré comme le chef de file du mouvement de la Jeune-Allemagne.

[53] Le Réformateur, 25 avril 1835.

[54] Barbier Jonathan et Ludovic Frobert. *La République dans la commune. Le Réformateur de Raspail*. Thomas Bouchet. « Quand les socialistes inventaient l'avenir. Presse, théories et expériences », 1825-1860. La Découverte, 2015, pp.127-140.

[55] Le Réformateur, 26 avril 1835.

[56] Giuseppe Fieschi (1790-1836). Organisateur d'un attentat à la « machine infernale », le 28 juillet 1835, contre Louis-Philippe et la famille royale, qui a manqué son but, mais a fait dix-huit morts, dont treize tués sur le coup.

[57] Pierre François Lacenaire (1803-1836). Escroc, criminel et écrivain guillotiné le 9 janvier 1836 à Paris.

[58] Joseph Zangiacomi (1766-1846). Magistrat et homme politique.

[59] Lemoine Yves, Lenoël Pierre Les aventures de la République. Souvenirs de FV Raspail, p. 244.

[60] Cité par P. Bédéï et J.P. Bédéï, p. 132.

[61] Mathieu Orfila (1787-1853). D'origine espagnole, naturalisé français. Médecin, chimiste. Expert en toxicologie.

[62] Déposition de M. Raspail devant la cour de Dijon (29 novembre 1839) - Débats entre MM. Raspail et Orfila. In : Rognetta D.M.P. Nouvelle méthode de traitement de l'empoisonnement par arsenic, Paris, Chez Gardenbas, 1840, pp. 45-98.

[63] Marie Laffarge a bénéficié d'une grâce présidentielle de la part du prince-président Louis-Napoléon Bonaparte, peu de temps avant sa mort, survenue en 1852.

[64] Léonide Babaud-Laribière (1819-1873). Homme politique. Représentant du peuple en 1848. Grand Maître du Grand Orient de France en 1870. Préfet de la Charente puis des Pyrénées Orientales.

[65] Cité par Daniel Ligou in : François-Vincent Raspail ou le bon usage de la prison, pp. 419-431.

[66] R. Blanchard, p. 33.

[67] Dupin aîné (1783-1865) Procureur général auprès de la Cour de cassation. Président de la Chambre des députés (1832). Président de

l'Assemblée législative (1849). Sénateur (1857). Membre de l'Académie française.

[68] Lemoine Yves, Lenoël Pierre Les aventures de la République. Souvenirs de FV Raspail, p. 291.

Chapitre V – Le médecin social

[1] Louis René Villermé (1782-1863). Médecin considéré comme le concepteur de la médecine du travail.

[2] Louis René Villermé *Tableau de l'état physique et moral des ouvriers empoyés dans les manufactures de coton, de laine et de soie*. 1840, tome II, p. 91.

[3] François Broussais (1772-1838). Médecin et chirurgien de la Révolution et de l'Empire. Professeur et médecin en chef du Val-de-Grâce sous la Restauration. Membre de l'Académie royale de Médecine.

[4] FV Raspail *Histoire naturelle de la santé et de la maladie chez les végétaux et chez les animaux en général et en particulier chez l'homme,* première édition, Paris, A. Levavasseur, 1843 (2 vol.) ; 2e éd., Paris, chez l'éditeur de Raspail, 1846 (3 vol.) ; 3e éd. Paris, chez l'éditeur de Raspail, 1860 (3 vol.). Les trois éditions sont ici utilisées. Dans les notes nous usons de l'abréviation suivante *HNSM*, immédiatement suivie de l'année d'édition et du tomme concerné.

[5] Raspail *HNSM* 1843, tome 1, p.5.

[6] Raspail *Manuel annuaire de la santé pour 1847*, p. 2.

[7] Francis Demier *Démocratie politique et démocratie culturelle chez Raspail de la révolution de 1830 à la révolution de 1848*. In : Jacques Poirier Claude Langlois Raspail et la vulgarisation médicale, 1988, pp. 35-44.

[8] A partir de 1845, Raspail dispose de sa propre maison d'édition pour publier le Manuel Annuaire : elle se trouve 5, rue des Francs-Bourgeois-Saint- Michel qui va bientôt devenir rue Monsieur le Prince.

[9] Raspail *HNSM.* 1843, tome I, p. VIII.

[10] Raspail *HNSM*. 1843, tome I, préface.

[11] Raspail *HNSM* 1843, tome I, p. 7.

[12] Ibid.

[13] Ibid.

[14] Raspail *HNSM* 1843, tome 1, p. 12.

[15] Ibid. p. 289.

[16] Raspail *Manuel annuaire de la santé pour 1845*, p. 53.

[17] Raspail *HNSM*, 1846, tome III, p. 118.

[18] Raspail *HNSM,* 1860, tome III, p. 74.

[19] Caspar Neuman (1683-1737). Chimiste et pharmacien allemand.
[20] La chronologie précise de cette introduction du camphre dans la presse est mentionnée notamment dans l'*Histoire naturelle de la santé,* 1843, tome 2, p. 541.
[21] Raspail *Manuel annuaire de la santé pour 1847*, p.73.
[22] Raspail *HNSM*, 1843, tome 2, pp. 542-543.
[23] Raspail *HNSM*, 1860, tome 3, pp. 74-101.
[24] Raspail *Manuel annuaire de la santé pour 1847*, pp. 70-106.
[25] J.-F. Hutin *Raspail, Don Quichotte du camphre*. Hist Sci. Med., 2015, tome XLVI, N° 2, pp. 167-177.
[26] Raspail *Manuel annuaire de la santé pour 1847*, p. 100.
[27] Raspail *HNSM*, 1843, tome 1, p. 232.
[28] Raspail Manuel annuaire de la santé pour 1847, p. 73.
[29] Raspail *HNSM*, 1843, tome 2, p. 484.
[30] Ibid., pp. 512-513.
[31] Raspail Manuel annuaire de la santé pour 1872, p. 361
[32] Raspail *HNSM*, 1860, tome 3, p. 58.
[33] Raspail *HNSM*, 1846, tome 3, p. 327
[34] Raspail *Manuel annuaire de la santé pour 1847*, p. 138.
[35] Claude Bernard (1813-1878). Médecin. Physiologiste et épistémologue. Considéré comme le fondateur de la médecine expérimentale. Auteur de l'*Introduction à l'étude de la médecine expérimentale*, 1865.
[36] J. Poirier *Histoire naturelle de la santé et de la maladie – Raspail pseudo-vulgarisateur.* In : Jacques Poirier Claude Langlois « Raspail et la vulgarisation médicale », 1988, p. 113.
[37] *Revue de médecine et pharmacie domestiques* 15 juillet 1847, Courrier, pp.74-75.
[38] Ph. Albou *Raspail propagandiste de lui-même à partir des « avertissements » de son Manuel de santé entre 1845 et 1878*. Hist Sci. Med., 2015, tome XLVI, N° 2, pp. 157-166.
[39] Ed. Langlebert *Réplique à M. Raspail et par suite examen de ses doctrines médicales ; le camphre, les animalcules, l'annuaire et la défense*. Paris, A Bouchard, 1846, pp. 11-12.
[40] Julius Vogel (1814-1880). Médecin interniste. Anatomopathologiste allemand.
[41] J. Vogel *Traité d'anatomie pathologique générale.* Traduit par A.J.L. Jourdan, Paris, J.-B. Baillière, 1847, p. 394.
[42] Ibid. p. 397.
[43] Jean-Pierre Beaude (1800-1874). Médecin-inspecteur des établissements d'eaux minérales. Rédacteur en chef du « Journal des connaissances médicales » de 1833 à 1855.
[44] J.P Beaude *Dictionnaire de médecine usuelle à l'usage des gens du monde*. Tome 2, Paris, Didier, 1849, p. 17.

[45] Émile Littré (1801-1881). Médecin. Lexicographe. Philosophe et homme politique.
[46] E. Littré, Ch. Robin *Dictionnaire de médecine, de chirurgie, de pharmacie, des sciences accessoires et de l'art vétérinaire*. Paris, J.-B. Baillière, 2ème éd., 1865, p. 209.
[47] Charles Victor Daremberg (1817-1872). Médecin. Bibliothécaire. Historien de la médecine.
[48] Ch. Daremberg *Histoire des sciences médicales*. Paris, J.-B. Baillière et fils, 1870, tome II, p. 1298.
[49] *Dictionnaire encyclopédique des sciences médicales publié sous la direction de M.A. Dechambre*, Paris, Masson, Asselin, tome 12, 1874, p. 104.
[50] G. Flaubert *Madame Bovary. Mœurs de Province [1857]*. Paris, G. Charpentier et Cie, 1887, p. 78.
[51] G. Flaubert *Bouvard et Pécuchet [1881]*. Paris, Alphonse Lemerre, 1884, p. 106.
[52] Pierre-Louis Cottereau. Médecin, reçu docteur à Paris en 1825. Agrégé de la Faculté de Paris. Professeur de matière médicale, de thérapeutique et de pharmacologie.
[53] Pierre-Eloi Foulquier (1776-1850).
[54] *Procès et défense de F.V. Raspail*. Paris, Editeur des ouvrages de M. Raspail, Mai 1846, pp. 39-40.
[55] Ibid. p. 21.
[56] Cité par Mme Xavier Raspail, *La vie et l'œuvre scientifique de F.V. Raspail*, Paris, Vigot, 1926, p. 87.

Chapitre VI – Le républicain berné

[1] Henri de Rouvroy, comte de Saint-Simon (1760-1825). Fondateur d'une doctrine, le saint-simonisme, qui annonce les thèmes fondamentaux de la doctrine socialiste développée aux XIXe et XXe siècles.
[2] Charles Fourier (1772-1837). Philosophe. A l'origine de l'*École sociétaire*, une structure qui avait pour but la publication de ses œuvres, l'étude de la doctrine, mais aussi la vulgarisation de ses théories par ses disciples. Considéré par Marx et Engels comme une figure du « socialisme critico-utopique ».
[3] Etienne Cabet (1788-1856). Penseur politique qui, le premier, en 1840, s'est défini comme « communiste ». Il prône une forme de communisme chrétien.
[4] Pierre-Henri Leroux (1797-1871). Editeur, philosophe et homme politique. Théoricien du socialisme.

[5] Odilon Barrot (1791-1873). Avocat. L'un des représentants, sous la monarchie de juillet, de l'opposition libérale, désignée sous le nom de « gauche dynastique », qui respecte la dynastie des Orléans, mais veut la chute du gouvernement dirigé par François Guizot depuis 1847. Président du Conseil en 1848-1849 sous la présidence de Louis-Napoléon Bonaparte.

[6] Les notables sont les seuls à pouvoir user de leur droit de vote. Une taxe, le cens, permet de faire partie du parc des électeurs, moyennant l'acquittement d'un impôt d'au moins 200 francs. En 1848, on compte à peine 250000 électeurs pour une population de 33 millions d'habitants.

[7] Le général Despans-Cubières (1786 -1853), actionnaire de la société *Les houillères et saline de Gouhenans*, a obtenu de Jean-Baptiste Teste (1780-1852), ministre des travaux publiques de 1840 à 1843, l'attribution d'une nouvelle concession, moyennant un pot-de-vin de 94000 francs. L'affaire s'est terminée par la condamnation du général Despans-Cubières à la dégradation civique et à 10 000 francs d'amende et par celle de Jean-Baptiste Teste à une amende de 94000 francs, assortie de trois ans de prison.

[8] Le duc de Choiseul-Praslin (1778-1841) a été emprisonné pour le meurtre de son épouse commis dans la nuit du 17 au 18 août 1847, dans son hôtel particulier du faubourg Saint-Honoré, à Paris. Selon la version communément admise, il se serait suicidé dans sa cellule quelques jours plus tard. Mais, selon un chercheur nicaraguayen Eddy Kühl, il aurait survécu et passé le reste de sa vie au Nicaragua où il serait mort en 1882.

[9] Alexis de Tocqueville (1805-1859). Philosophe politique. Politiste. Ministre des affaires étrangères du 2 juin au 31 octobre 1849. Précurseur de la sociologie. Auteur notamment de *De la démocratie en Amérique* (1835-1840).

[10] Alexis de Tocqueville *Souvenirs. Publiés par le comte de Tocqueville*. Paris, Calman Lévy, 1893, pp. 18-19.

[11] Alexandre Ledru-Rollin (180-1874). Avocat. Homme politique. Républicain progressiste, il est l'un des chefs de file de la campagne des banquets qui aboutit à la révolution de 1848 et à la Deuxième République.

[12] Alphonse de Lamartine (1790-1869). Poète. Romancier. Dramaturge. Personnalité politique qui a participé à la révolution de 1848 et à la proclamation de la Deuxième République.

[13] Louis Blanc (1811-1882). Journaliste et historien. Membre du gouvernement provisoire de 1848. Député sous la Troisième République.

[14] Jacques Charles Dupont dit Dupont de l'Eure (1767-1855). Homme d'État. Figure de la République, il fut le témoin et l'acteur de trois révolutions : 1789, 1830 et 1848.

[15] Adolphe Crémieux (1796-1880). Avocat. Homme politique. Garde des sceaux, ministre de la Justice en 1848 et du 4 septembre 1870 au 17 février 1871. Auteur du décret Crémieux d'octobre 1870 qui a attribué la citoyenneté française aux « indigènes israélites d'Algérie ».

[16] Louis-Antoine Pagès dit Garnier-Pagès (1803-1878). Homme politique. Membre du gouvernement provisoire de 1848. Maire de Paris en 1848. Membre du gouvernement de la Défense nationale en 1870 - 1871.

[17] Pierre Marie de Saint-Georges dit Marie (1797-1870). Avocat et homme politique.

[18] François Arago (1786-1853). Astronome, physicien et homme d'état. Ministre de la Guerre, de la Marine et des Colonies dans le gouvernement provisoire de la Seconde République.

[19] Michel Goudchaux (1797-1862). Banquier et homme politique. Ministre de la Seconde République.

[20] Alexandre-Albert Martin, surnommé l'« ouvrier Albert » (1815-1895). Homme politique connu pour son engagement socialiste lors de la Révolution de 1848. L'un des dirigeants du gouvernement provisoire.

[21] Ferdinand Flocon (1800-1866). Journaliste et homme politique.

[22] Cité par G. Duveau in : *Raspail*, p. 33.

[23] Alphonse Henri d'Hautpoul (1789-1865). Ministre de la Guerre du 31 octobre 1849 au 22 octobre 1850.

[24] Joseph Sarda dit Sarda-Garriga (1808-1877). Nommé, en 1848, commissaire général de la République à La Réunion par Victor Schœlcher, membre du gouvernement provisoire. Décrète l'abolition de l'esclavage dans l'ile à la fin de la même année.

[25] F.V. Raspail *Réformes sociales* 1872, p.89.

[26] F.V. Raspail *Réformes sociales*, 1872, pp. 93-94.

[27] Armand Barbès (1809-1870). Élu à l'assemblée constituante du 23 avril 1848, à l'extrême gauche de l'hémicycle. Député de l'Aude. Arrêté à l'issue de la manifestation du 15 mai. Condamné à la déportation, en avril 1849, par la Haute Cour de justice de Bourges.

[28] Jean-Paul Marat (1743-1793). Médecin. Journaliste. Homme politique. Député montagnard à la Convention à l'époque de la Révolution. Assassiné par Charlotte Corday.

[29] Victor Schœlcher (1804-1893). Journaliste. Homme politique. Sous-secrétaire d'État à la Marine et aux colonies dans le gouvernement

provisoire de 1848. Député de la Martinique puis de la Guadeloupe. Sénateur inamovible (1875).

[30] Pierre-Émile Thomas (1822-1880). Chimiste. Ingénieur civil.

[31] *L'Ami du peuple*, 2 avril, compte-rendu de la séance du 25 mars.

[32] *L'ami du peuple* n° 8, 30 mars.

[33] Jules-Antoine Taschereau (1801-1874). Erudit. Homme politique.

[34] Amable de Courtais (1790-1877). Général, commandant de la Garde Nationale. Elu député à l'Assemblée nationale constituante en avril 1848. Son indécision face aux manifestants parisiens du 15 mai 1848, lui a valu d'être mis en accusation, démis de ses fonctions, arrêté, et traduit devant la Haute Cour de Bourges pendant l'hiver 1849. Il sera finalement acquitté et reprendra son siège à l'Assemblée.

[35] Philippe Buchez (1796-1865). Docteur en médecine. Homme politique. Après la révolution de février 1848, adjoint à la mairie de Paris. il s'occupe activement de la garde nationale et de la mise sur pied des Ateliers nationaux. Élu représentant de la Seine le 23 avril, il est porté à la présidence de l'Assemblée (5 mai-6 juin).

[36] Laurent-Antoine Pagnerre (1805-1854). Libraire. Homme politique. A l'isue des élections du 23 avril 1848, député de Seine et Oise. Siège au centre, parmi les républicains modérés.

[37] Lors de l'annexion de Tahiti par la France en 1843, le conflit entre le pasteur anglican George Pritchard (1796-1883), qui a tenté de prendre le contrôle de l'ile, et les représentants français a pris le nom d'« Affaire Pritchard ». Celle-ci a entrainé des tensions diplomatiques entre la France et le Royaume-Uni. Le nom de *pritchardistes* a été attribué aux partisans de Pritchard.

[38] *L'ami du peuple*, 4 mai 1848.

[39] Hippolyte Carnot (1801-1888), fils de Lazare Carnot. Homme politique. Ministre de l'instruction publique (24 février-5 juillet 1848).

[40] Adrien Recurt (1798-1872). Médecin. Ministre de l'intérieur de la Seconde République.

[41] Jules Bastide (1800-1879). Homme politique. Ministre des affaires étrangères de la Seconde République. Se retire de la vie politique après l'élection présidentielle de Louis-Napoléon Bonaparte en décembre 1848.

[42] Ulysse Trélat (1795-1879). Médecin. Homme politique. Ministre des travaux publiques de la seconde République.n

[43] Eugène Cavaignac (1802-1857). Général. Homme d'État. Gouverneur de l'Algérie (1848). Président du Conseil des ministres chargé du

pouvoir exécutif durant l'année 1848. Candidat à l'élection présidentielle de 1848, battu par Louis-Napoléon Bonaparte.

44 Louis Huber dit, Aloysius Huber (1815-1865). Ouvrier corroyeur. Condamné en 1838 à la déportation pour crime politique. Membre de la police secrète de Louis-Philippe. Président du Club des clubs, réunissant des représentants des autres clubs, après la révolution de février.

45 *Procès et défense du citoyen F.-V. Raspail devant la Haute Cour séant à Bourges.* Paris, Au dépôt, 1849, Audience du 28 mars, p.17.

46 Ibid.

47 Ibid. p.18.

48 Pierre-Joseph Proudhon (1809-1865). Journaliste. Homme politique. Philosophe. Précurseur de l'anarchisme. Seul théoricien révolutionnaire du XIXe siècle à être issu du milieu ouvrier.

49 Denys Affre (1793-1848). 126e archevêque de Paris.

50 Nicolas Changarnier (1793-1877). Général. Homme politique.

51 Samuel Hayat *Se présenter pour protester – la candidature impossible de François-Vincent Raspail en décembre 1848.* Revue Française de Science Politique, 2014, Vol. 64, N° 5, p. 869.

52 *« Manifeste électoral du Peuple »*, Le Peuple, journal de la république démocratique et sociale, 15 novembre 1848.

53 *La présidence entre Ledru-Rollin et Raspail. Appel aux sentiments de l'Unité Démocratique et Sociale. Appel aux électeurs révolutionnaires.* Typographie de Beaulé et Maignand, rue Jacques de Brosse 8. In : Recueil. Un siècle d'histoire de France par l'estampe, 1770-1870. Vol. 123 (pièces 15217-15323), République de 1848.

54 *Procès et défense du citoyen F.-V. Raspail devant la Haute Cour séant à Bourges.* Paris, Au dépôt, 1849, Audience du 1er avril, p.40.

55 Joseph Sobrier (1810-1854). Républicain avancé. Lors de la manifestation du 15 mai 1848, l'un des chefs des émeutiers qui ont envahi le cabinet du ministère de l'Intérieur.

56 L'un des vingt accusés compromis dans l'affaire du 15 mai.

57 Partie d'une gare de chemin de fer, quai où débarquent voyageurs et marchandises.

58 Dénomination de la gare du Nord, ouverte en 1846 par la Compagnie des chemins de fer du Nord en tant qu'embarcadère de la ligne de Paris-Nord à Lille.

59 *La Lunette de Doullens Almanach Démocratique et Progressif de l'Ami du Peuple pour 1850*, pp 34-35.

60 Intervention de Benjamin Raspail à l'Assemblée nationale le 3 août 1849. Cité par Patricia et Jean-Pierre Bédéï.

[61] Nicolas Oudinot (1791-1863). Fils aîné du maréchal d'Empire Charles Oudinot. Député de Maine-et-Loire sous la monarchie de Juillet. Deuxième duc de Reggio. Grand chancelier de la Légion d'honneur Gouverneur des Invalides.

[62] F.-V. Raspail *Manuel Annuaire de la Santé pour 1850*, Avertissement sur cette 4ème édition.

[63] Michel Onfray *Le temps de Proudhon*, Le Point.fr, 3 novembre 2011

Chapitre VII – Le proscrit

[1] Eugène Rouher (1814-1884). Avocat. Homme politique. L'un des principaux personnages du Second Empire.

[2] Victor, duc de Persigny (1808-1872). Homme politique du Second Empire. Ministre de l'intérieur en 1853.

[3] Achille Marcus Fould (1800-1867). Banquier. Homme politique. Ministre d'État de 1852 à 1860.

[4] Pierre Jules Baroche (1802-1870). Avocat. Homme politique. Ministre présidant le Conseil d'État du 30 décembre 1852 au 23 juin 1863.

[5] Eugénie de Montijo (1826-1920). Mariage civil avec Napoléon III le 29 janvier 1853. Mariage religieux le 30 à Notre-Dame de Paris.

[6] Marceline Desbordes-Valmore (1786-1859). Comédienne, chanteuse et cantatrice jusqu'en 1823. Poétesse.

[7] Cité par Madame Xavier Raspail in : La vie et l'œuvre scientifique de F.-V. Raspail, pp 99-100.

[8] F.-V. Raspail *Manuel Annuaire de la Santé pour 1854*, Avertissement sur cette 8ème édition

[9] Léopold Ier (1831-1865). Roi des Belges.

[10] Cité par R. Blanchard in : *François-Vincent Raspail.* Arch. Parasitol., 1904, tome VIII, p. 60.

[11] Cité par Mme Xavier Raspail in : *La vie et l'œuvre scientifique de F.-V. Raspail*, p. 105.

[12] F.-V. Raspail *Manuel Annuaire de la Santé pour 1854*, Avertissement à cette 8ème édition.

[13] F.-V. Raspail *Manuel Annuaire de la Santé pour 1860*, Avertissement à cette 14ème édition.

[14] F.-V. Raspail *Manuel Annuaire de la Santé pour 1863*, Avertissement à cette 17ème édition.

[15] Cité par Patricia et Jean-Pierre Bédéï in : « Raspail savant et républicain rebelle » d'après « Histoire de ma vie et du siècle » par F-V Raspail. p. 241.

[16] Giuseppe Garibaldi (1807-1882). Général. Homme politique. L'un des « pères de la patrie » italienne, avec Camillo Cavour, Victor-Emmanuel II et Giuseppe Mazzini.
[17] Charles-Augustin Sainte-Beuve (1804-1869). Critique littéraire. Ecrivain, représentant du romantisme.
[18] C.-A. Sainte-Beuve *Nouveaux lundis*. 1870, tome douzième, p. 248.
[19] Ibid., p. 250.
[20] Ibid., p. 252.
[21] Charles de Brouckère (1796-1860). Homme politique belge, de tendance libérale.
[22] Pierre Emmanuel Chazal (1808-1892). Officier de l'armée belge. Figure de proue du parti libéral. Ministre de la Guerre (1847-1850) et (1859-1866).
[23] Abraham von Oppenheim (1804-1878). Banquier et mécène allemand.
[24] Amédée Saint-Ferréol *Les proscrits français en Belgique*. Librairie européenne C. Mucquardt, 1870.
[25] F.-V. Raspail *Le fermier vétérinaire*, 2ème éd., 1869.
[26] Raphael Blanchard (1875-1919). Parasitologiste. Historien de la médecine. Professeur d'Histoire de la Médecine à la Faculté de Médecine de Paris.
[27] R. Blanchard Arch. Parasitol., 1904, VIII, p. 61.
[28] Victor Hugo (1802-1885). Poète. Dramaturge. Ecrivain. Romancier. Dessinateur. Considéré comme l'un des plus importants écrivains de la langue française.
[29] Edgar Quinet (1803-1875). Historien. Poète. Philosophe. Homme politique.
[30] Victor Hugo *Choses vues 1849-1885*. Folio classique, Ed. Gallimard, 1972, p. 402.
[31] Louis Juchault de Lamoricière (1806-1865). Officier supérieur. Homme politique. S'est illustré dans la colonisation rapide de l'Algérie.
[32] Étienne Arago (1802-1893). Un des frères du célèbre savant français François Arago. Dramaturge. Homme politique. Républicain exilé par Napoléon III. Maire de Paris en 1870.
[33] Marc Dufraisse (1811-1876). Avocat. Homme politique.
[34] Émile Deschanel (1819-1904). Professeur. Ecrivain. Homme politique.
[35] Paul Challemel-Lacour (1827-1896). Professeur de philosophie. Homme d'État. Président du Sénat sous la IIIe République (1893-1896).

Chapitre VIII – Le rebelle irréductible

[1] Georges Eugène Haussmann, communément appelé le baron Haussmann (1809-1891). Haut fonctionnaire. Homme politique. Préfet de la Seine de 1853 à 1870, il a dirigé les transformations de Paris sous le Second Empire, poursuivant les travaux engagés par ses prédécesseurs à la préfecture de la Seine, le comte de Rambuteau et Jean-Jacques Berger.
[2] Victor Baltard (1805-1874). Architecte.
[3] Félix-Emmanuel Callet (1791-1854). Architecte.
[4] Claude-Philibert Barthelot, comte de Rambuteau (1781-1869). Conseiller d'État. Pair de France. Préfet de la Seine (1833-1848).
[5] Adolphe Thiers (1797-1877). Avocat. Journaliste. Historien. Homme d'État. Président de la république (1871-1873).
[6] Jules Favre (1809-1880). Avocat. Homme politique républicain. Député à l'Assemblée nationale puis au corps législatif.
[7] Émile Ollivier (1825-1913). Homme d'État. Opposant républicain au second empire. Forme, à la demande l'empereur, le gouvernement qui durera du 2 janvier au 10 août 1870.
[8] Jules Simon (1814-1896). Philosophe. Homme d'État. Membre du gouvernement de la Défense nationale. Importantes Responsabilités parlementaires et ministérielles sous la IIIe République.
[9] Léon Gambetta (1838-1882). Avocat. Homme d'État. Membre du gouvernement de la Défense nationale (1870). L'une des personnalités politiques les plus importantes des premières années de la Troisième République. Président de la Chambre des députés (1879-1881). Président du Conseil et ministre des Affaires étrangères durant deux mois (1881-1882).
[10] Jules Ferry (1832-1893). Avocat. Homme d'État. Membre du gouvernement de la Défense nationale et maire de Paris en 1870. Ministre de l'Instruction publique et président du Conseil sous la Troisième République. Promoteur de l'école publique laïque, gratuite et obligatoire.
[11] Charles De Morny, dit comte de Morny, devenu duc de Morny (1811-1865). Financier. Homme politique.
[12] Eugène Rouher (1814-1884). Avocat. Homme politique. L'un des principaux personnages du Second Empire.
[13] Paul Boudet (1800-1877). Homme politique.
[14] Armand Béhic (1809-1891). Homme politique.
[15] Victor Duruy (1811-1894). Historien. Homme politique. Ministre de l'Instruction publique (1863-1869).

[16] Cité par Patricia et Jean-Pierre Bédéï in : « Raspail savant et républicain rebelle » d'après « Histoire de ma vie et du siècle » par F-V Raspail. p. 251.
[17] Ibid., p. 258
[18] F.-V. Raspail *Manuel Annuaire de la Santé pour 1868*, Avertissement sur cette 22ème édition.
[19] F.-V. Raspail *Appel urgent au concours des hommes éclairés de toutes les professions*...p. 16.
[20] Ibid. p. 24.
[21] Ibid. p. 52.
[22] Ibid. p. 95.
[23] Ibid. p.100
[24] Ibid. pp. 103-104.
[25] Isaac Newton (1642-1727). Célèbre savant anglais. Mathématicien. Physicien. Astronome. Fondateur de la mécanique classique. Concepteur de la théorie de la gravitation universelle. Créateur, en concurrence avec Gottfried Wilhelm Leibniz, du calcul infinitésimal.
[26] Louis Pasteur (1822-1895). Chimiste. Physicien. Savant de réputation internationale. Pionnier de la microbiologie.
[27] Félix Archimède Pouchet (1800-1872). Médecin biologiste. Adversaire de Pasteur.
[28] Francesco Redi (1626-1697). Médecin. Biologiste. Ecrivain italien. Auteur de *Esperienze intorno alla generazione degl'insetti* (« Expériences sur la génération des insectes ») paru à Florence en 1668. Il y démontre expérimentalement que, contrairement à ce que la plupart des auteurs affirment depuis l'Antiquité, les « vers » ne naissent pas par génération spontanée à partir de viande en décomposition.
[29] Philippe Buonarroti (1761-1837). Révolutionnaire franc-maçon d'origine italienne. Théoricien et praticien du communisme égalitaire. Fondateur du carbonarisme.
[30] François Noël Babeuf, connu sous le nom de Gracchus Babeuf (1760 - 1797). Révolutionnaire français. Mort guillotiné pour avoir fomenté la « Conjuration des Égaux » contre le Directoire.
[31] D'après une lettre de Benjamin Raspail à Rey, citée par Patricia et Jean-Pierre Bédéï in : « Raspail savant et républicain rebelle », p.262.
[32] *Le Figaro*, 15 mai 1869.
[33] Victor Henri de Rochefort-Luçay, mieux connu sous le nom d'Henri Rochefort, (1831-1913). Journaliste. Auteur de théâtre. Homme politique.
[34] *Le Gaulois*, 26 octobre, 1869.
[35] Adolphe de Forcade Laroquette (1820-1874). Homme politique. Successivement ministre des Finance, sénateur, vice-président du

Conseil d'état, puis ministre de l'Intérieur en 1868 dans le gouvernement de Napoléon III.

[36] Victor Noir, nom de plume d'Yvan Salmon (1848-1870). Journaliste tué à l'âge de 21 ans d'un coup de feu par le prince Pierre-Napoléon Bonaparte septième des dix enfants de Lucien Bonaparte, frère de Napoléon 1er. Acquitté pour le meurtre de Victor Noir, mais condamné aux dépens et à verser une pension aux parents de la victime, le meurtrier s'exilera en Belgique jusqu'en 1877.

[37] Edmond Le Bœuf (1809-1888). Militaire. Homme politique.

[38] *La Cloche*, 14 juin 1870. Cité par Patricia et Jean-Pierre Bédéï, p. 279.

[39] Suite à la demande de l'ambassadeur de France envoyé auprès du roi de Prusse, en cure à Bad Ems, le prince allemand Léopold de Hohenzollern-Sigmaringen, sur les conseils du roi de Prusse, retire le 12 juillet sa candidature au trône d'Espagne devenu vacant. Mais, par le biais de son ambassadeur, la France demande également au roi d'assurer qu'il n'y aurait plus jamais d'autres candidatures provenant de Prusse. Guillaume 1 er lui oppose une fin de non-recevoir courtoise, et en réfère à Bismarck. Le 13 juillet, ce dernier, afin de provoquer une guerre, informe la presse, puis les diplomates étrangers, par un télégramme officiel, la « dépêche d'Ems », qui relate, de façon tronquée, l'entrevue du roi de Prusse et de l'ambassadeur, en des termes jugés offensants pour la France. La publication de la dépêche déclenche des manifestations nationalistes dans les deux pays, entrainant la déclaration de guerre de la France à la Prusse.

Chapitre IX – Les dernières années

[1] Louis-Jules Trochu (1815-1896). Général de division. Homme d'État. Gouverneur de Pais.

[2] Bibl. Inguimbertine Carpentras. Fds Raspail, n° 2745.

[3] Claude-Martin Lecomte (1817-1871). Militaire. L'un des premiers morts de la Commune de Paris.

[4] Jacques Clément-Thomas (1809-1871). Militaire. L'un des premiers morts de la Commune de Paris.

[5] Charles Louis Delescluze (1809-1871). Journaliste. Déporté sous l'Empire. Membre de la Commune, tué lors de la Semaine sanglante le 25 mai 1871.

[6] Jules Vallès (1832-1885). Journaliste. Homme politique d'extrême gauche. Fondateur du journal *Le Cri du peuple*. Membre de la Commune de Paris en 1871.

[7] Louis Eugène Varlin (1839-1871). Militant socialiste et libertaire. Membre de la Première Internationale et de la Commune de Paris.
[8] Louis Rossel (1844-1871). Militaire. Homme politique. Mort au camp de Satory.
[9] Louise Michel, alias Enjolras. (1830-1905). Institutrice. Ecrivaine. Militante anarchiste. Franc-maçonne.
[10] Cité par Patricia et Jean-Pierre Bédéï in : « Raspail savant et républicain rebelle » d'après « Histoire de ma vie et du siècle » par F-V Raspail. p. 284.
[11] In « François-Vincent Raspail 1794-1878. Bibliothèque Nationale, 1978, p.61.
[12] Guiseppe Fieschi (1790-1836). Conspirateur républicain qui, le 28 juillet 1835, a tenté d'assassiner le roi Louis-Philippe Ier, alors qu'il se rendait à la Bastille pour commémorer la révolution des Trois Glorieuses.
[13] Procès de l'Almanach Raspail - 1874 – Compte-rendu in-extenso, Paris, 1874.
[14] Clovis Hugues (1851-1907). Poète. Romancier. Homme politique. Durant son incarcération de 1871 à 1875 pour avoir participé à la Commune de Marseille, il a entretenu une correspondance suivie avec Raspail. Député de Marseille (1881-1889) puis de Paris (1893-1898).
[15] Cité par Patricia et Jean-Pierre Bédéï, in : « Raspail savant et républicain rebelle », p. 288.
[16] Henri Amat (1813-1891). Avocat. Homme politique. Député des Bouches-du-Rhône de 1871 à 1876 et de 1878 à 1881.
[17] Marquis de Coriolis d'Espinouse (1813-1884). Militaire. Homme politique légitimiste.
[18] Cité par Mme Xavier Raspail in : *La vie et l'œuvre scientifique de F V Raspail*, p. 112.
[19] Victor Henri de Rochefort-Luçay, connu sous le nom d'Henri Rochefort (1831-1913). Journaliste. Auteur de théâtre. Homme politique.
[20] Georges Clémenceau (1841-1929). Médecin. Homme d'État. Président du Conseil de 1906 à 1909 puis de 1917 à 1920.
[21] Eugène Spuller (1835-1896) Avocat. Ecrivain. Journaliste. Homme politique.
[22] Charles Floquet (1828-1896). Avocat. Homme politique, tour à tour député, préfet, sénateur, ministre et président du Conseil.
[23] Alfred Naquet (1834-1916). Médecin. Chimiste. Homme politique. Député (1876-1877) et (1878-1883). Sénateur.
[24] *Le Constitutionnel*, 23 mars 1876.
[25] Compte-rendu de la séance du 18 mai, *Journal officiel de la République française,* 19 mai 1876.

[26] Charles Édouard Langlois, baron de Septenville (1835-1915). Littérateur. Homme politique. Député de la Somme de 1876 à 1881, siégeant au groupe bonapartiste.
[27] La Chambre est appelée à décider si elle entend ou non passer à la discussion des articles. Si elle ne passe pas à la discussion des articles, elle rejette *de facto* le projet de loi ou la proposition.
[28] Gustave Nadaud (1820-1893). Goguettier. Poète. Chansonnier.
[29] Patrice de Mac Mahon (1808-1893). Maréchal de France. Président de la République de 1873 à 1879.
[30] Jules Dufaure (1798-1881). Avocat. Homme d'État. Plusieurs fois ministre sous la monarchie de Juillet, la Seconde République et la Troisième République. Président du Conseil des ministres (1877–1879).
[31] Germain Dupré (1811-1893). Médecin. Homme politique appartenant à la Gauche républicaine. Auteur des *Considérations cliniques sur les fluxions de poitrine de nature catarrhale* (1860).
[32] Louis Philippe Desseaux (1798-1881). Avocat. Député. Préfet de la Seine Inférieure en 1870. Auteur de l'allocution prononcée le 8 janvier 1878, à l'Assemblée nationale, en tant que doyen d'âge.
[33] Duc de La Rochefoucauld-Liancourt (1747-1827). Pair de France. Lors de son enterrement. Du fait de heurts entre les forces de l'ordre et les porteurs du cercueil, le cadavre a été expulsé dans la boue. Ce sont les soldats qui l'ont ramassé et remis dans le cercueil.
[34] Jean Maximilien Lamarque (1770-1832). Officier général qui a fait sa carrière dans les armées de la Révolution et de l'Empire. À Paris, les 5 et 6 juin 1832, les funérailles du général Lamarque ont donné lieu à une tentative de renversement de la monarchie.
[35] Émile Bouchet (1840-1918). Député, signataire du manifeste des 363.
[36] Compte-rendu des funérailles de Raspail dans *Le Midi* du 15 janvier 1878.

Epilogue

[1] Claude-Henri de Rouvroy, comte de Saint-Simon (1760-1825). Philosophe. Économiste. Fondateur du saint-simonisme, doctrine selon laquelle toute société doit travailler à l'amélioration de la classe la plus pauvre.
[2] Charles Fourier (1772 -1837). Philosophe, fondateur de l'École sociétaire. Adept de la collaboration de classes.
[3] Pierre-Joseph Proudhon (1809-1865). Journaliste. Economiste. Philosophe. Précurseur de l'anarchisme.

[4] Karl Marx (1818-1883). Philosophe, Historien. Economiste. Théoricien de la révolution, socialiste et communiste en Prusse. Auteur notamment avec Friedrich Engels du *Manifeste du parti communiste* (1848) et du *Capital* (1867).
[5] Matthias Jakob Schleiden (1804-1881). Botaniste allemand. L'un des fondateurs de la théorie cellulaire.
[6] Voir J. Poirier In : *Raspail et la vulgarisation médicale*, pp. 103-127.

Bibliographie

Fonds Raspail

Bibliothèque Inguimbertine à Carpentras.
Archives départementales du Val-de-Marne.
Archives nationales de France.
Bibliothèque du Muséum d'histoire naturelle de Paris.
Archives de la ville de Paris (dossier famille Raspail).
François Vincent Raspail *Histoire de ma vie et du siècle*. Copie microfilmée (1 Mi 198), Arch. Départ. Calvados.

Sources imprimées

ALBOU (Philippe) *Raspail propagandiste de lui-même à partir des « avertissements » de son Manuel de santé entre 1845 et 1878*. Hist. Sci. Med., 2015, tome XLVI, n° 2, pp. 157-166.

BARBIER (Jonathan), FROBERT (Ludovic) *La république dans la commune. Le réformateur de Raspail*. In : Thomas Bouchet et al., Quand les socialistes inventaient l'avenir. La Découverte, 2015, pp.127-140.

BARBIER (Jonathan) *Les républiques de François-Vincent Raspail : entre mythes et réalités. Histoire.* Université d'Avignon, 2016. Français. NNT : 2016AVIG1159, tel-01513545.

BARBIER (Jonathan), FROMENT (Ludovic) *Une imagination républicaine François Raspail (1794-1878)*. Les

cahiers de la MSHE Ledoux, Presses universitaires de Franche-Comté, 2017.
BÉDÉÏ (Patricia), BÉDÉÏ (Jean-Pierre) *François Vincent Raspail Savant et républicain rebelle.* Paris, Alvik, 2005.
BLANCHARD (Raphaël) *François-Vincent Raspail.* Arch. Parasitol., 1904, tome VIII, pp. 5-87.
CAYEUX (Lucien) *Raspail inventeur de la microchimie.* Rev. Sci., 1914, n° 25, pp. 776-778.
DUVEAU (Georges) *Raspail.* Presses Universitaires de France, 1948.
FROBERT (Ludovic) *Théorie cellulaire, science économique et république dans l'œuvre de François-Vincent Raspail autour de 1830.* Rev. Hist. Sci, 2011/1, tome 64, pp. 27-58.
FROBERT (Ludovic) *Des républicains ou le Roman vrai des Raspail.* Lyon, Libel, 2019.
HAYAT (Samuel) *Se présenter pour protester. La candidature impossible de François Vincent Raspail en décembre 1848.* Rev. Fr. Sci. Pol., 2014, vol. 64, n° 5 ; pp. 869-903.
HUTIN (Jean-François) *Raspail, Don Quichotte du camphre.* Hist. Sci. Med., 2015, tome XLVIV, n° 2, pp. 167-177.
LEMOINE (Yves), LENOËL (Pierre) *Les aventures de la République. Souvenirs de FV Raspail.* Hachette, 1984.
LIABASTRES (Joseph) *Petite histoire de Carpentras.* Cressé, Editions des Régionalismes, 2017
LIGOU (Daniel) *François Vincent Raspail ou le bon usage des prisons.* Paris, J. Martineau, 1968.
POIRIER (Jacques), LANGLOIS (Claude) *Raspail et la vulgarisation médicale.* Paris, Sciences en situation, 1988.
RASPAIL (François) *Biographie de F. V. Raspail, par son petit-fils.* Paris, Imprimerie Moderne, 1908.

RASPAIL (Gabrielle Xavier) *La vie et l'œuvre scientifique de F. V. Raspail,* Paris, Vigot, 1926.

RASPAIL (Simone) *Un savant et un républicain au XIXe siècle. François Vincent Raspail -1794-1878.* Cycle de conférences données au Centre Médical de Paris de la M.G.E.N. n.d.

RASPAIL (Simone) *Un savant et un républicain au XIXe siècle, Raspail.* Paris, N. éd.,1966.

RASPAIL (Simone), DUBIEF (Lise), CARBONNIER (Marianne) Catalogue de l'exposition sur Raspail. BNF, 1978.

SAQUET-COULOMD (Marthe) *François Raspail (1794-1878) De la science aux barricades.* Morières, Editions de la Cardère, 2002.

SAUVIGNY (Bertier de) *La Restauration.* Paris, Flammarion, 1955.

THOULET (Julien) *La microchimie et la cristallographie dans les travaux de F.-V. Raspail.* Revue scientifique, 1887, n° 17, p. 522-5228.

VELLUZ (Léon) *Raspail, un contestataire au XIX" siècle.* Paris, Pierre Fanlac,1974.

WASSERMANN (Suzanne). *Le Club de Raspail en 1848.* In : La Révolution de 1848. Bulletin de la Société d'histoire de la Révolution de 1848, Juillet-août 1908, tome 5, n° 27, pp. 589-605.

WEINER (Dora B), RASPAIL (Simone) *Raspail scientist and reformer.* New York, London, Columbia University Press, 1968.

WOGUE (Jules) *Raspail.* Paris, F. Sorlot, 1939.

Principales publications de F.V. Raspail

Les premiers travaux, de l'ordre d'une quarantaine, réalisés entre 1824 et 1830 et intéressant essentiellement la botanique, la zoologie, la chimie et l'anatomie microscopique, ont été publiés sous forme de mémoires, d'articles ou de notes dans :

Les Comptes Rendus de l'Académie des Sciences

Les Annales des Sciences Naturelles.

Le Bulletin Universel des Sciences et de l'Industrie, Section des sciences mathématiques, physiques et chimiques.

Les Mémoires du Muséum d'Histoire Naturelle.

Les Annales des sciences d'observation.

Principaux ouvrages

Les Missionnaires en opposition avec les bonnes mœurs et avec les lois de la religion. Paris, Chez les marchands de nouveautés, 1821.

Mémoires sur la famille des Graminées, contenant : la physiologie, la classification des graminées, l'analyse microscopique et le développement de la fécule dans les céréales. Paris, Imp. de Fain, 1825-1826.

Premier mémoire sur la structure intime de tissus de nature animale. Paris, sn, 1827.

Recherches chimiques et physiologiques destinées à expliquer non seulement la structure, le développement de la feuille et du tronc, ainsi que les organes qui n'en sont qu'une formation, mais encore la structure et le développement des tissus animaux. Mémoires de la société d'histoire naturelle de Paris, 1827, tome 3, Première partie pp. 17-87 ; Deuxième partie 209-313 ; Troisième partie 253-313.

Essai de chimie microscopique appliqué à la physiologie ou l'art de transporter le laboratoire sur le porte-objet dans l'étude des corps organisés. Paris, Meilhac, 1830.

Cours élémentaire d'agriculture et d'économie rurale à l'usage des écoles primaires. Paris, Hachette, 1832

Nouveau système de chimie organique. Paris, Baillère, 1833 ; 2e éd. Paris, 1838 ; 3e éd. Bruxelles, 1840.

Nouveau système de physiologie végétale et de botanique. Bruxelles, Haussmann Cattor, 1837-1840, 2 vol. et Atlas.

De la Pologne sur les bords de la Vistule et dans l'émigration. Paris, imprimerie de Bourgogne, 1839.

Réforme pénitentiaire. Lettres sur les prisons de Paris. Paris, Tamisey et Champion, 1839, 2 vol.

Cigarettes de camphre et camphatières hygiéniques. Paris, Collas, 1842.

Histoire Naturelle de la santé et de la maladie chez les végétaux et chez les animaux en général, et en particulier chez l'homme, suivie d'un formulaire pour une nouvelle méthode de traitement hygiénique et curatif. Paris, A. Levavasseur, 1843, 2 vol. ; 2e éd.,1846 ; 3e éd., chez l'éd. de M. Raspail, 1860.

Manuel annuaire de la santé. Paris, chez l'éditeur des ouvrages de M. Raspail,1845, réédité jusqu'en 1926 ; puis par Vigot jusqu'en 1935.Traduit en anglais, en espagnol, en portugais et en suédois.

Revue élémentaire de médecine et de pharmacie domestique. Paris, chez l'éd. de M. Raspail, 1847-1848, 2 vol.

La Lunette du donjon de Vincennes Almanach Démocratique et Social de l'Ami du Peuple pour 1849. Paris, Chez l'éditeur des ouvrages de M. Raspail

La Lunette de Doullens Almanach Démocratique et Progressif de l'Ami du Peuple pour 1850. Paris, Chez l'éditeur des ouvrages de M. Raspail

Le Fermier vétérinaire ou *Méthode aussi économique que facile de préserver et de guérir les animaux domestiques et même les végétaux cultivés du plus grand nombre de leurs maladies.* Paris, chez l'éd. des ouvrages de M. Raspail, 1856 ; 2e éd., 1864 ; 3e éd., 1882. Traduit en italien, en espagnol, et en allemand.

Appel urgent au concours des hommes éclairés de toutes les professions contre les empoisonnements industriels ou autres. Paris, chez l'éd. des ouvrages de M. Raspail, 1863.

Nouvelles études scientifiques et philologiques. Paris, chez l'éd. des ouvrages de M. Raspail, 1864.

Le choléra 1865. Paris, chez l'éd. des ouvrages de M. Raspail, 1865.

Histoire naturelle des ammonites et des Térébratules ; suivie de la description des espèces de ces deux genres recueillis dans les départements des Basses-Alpes, de Vaucluse, des Cévennes et de la Lozère. Paris, chez l'éd. des ouvrages de M. Raspail, 1866.

Réformes sociales. Paris, chez l'éd. des ouvrages de M. Raspail, 1872.

Peu de choses, mais quelque chose. Trois petites brochures parues sous ce titre en 1873, 1874 et 1875.

Périodiques

Annales des sciences d'observation (avec Jacques Saigey) (1829-1830).

Le Réformateur (1834-1835).

Revue élémentaire de médecine et de pharmacie domestique, ainsi que des sciences accessoires et usuelles mises à la portée de tout le monde (1847-1849).

L'ami du peuple en 1848, an 1er de la République reconquise (1848).

La lunette du donjon de Vincennes. Almanach démocratique et social de l'Ami du peuple pour 1849.

La lunette de Doullens. Almanach démocratique et progressif de l'Ami du peuple pour 1850.

Revue complémentaire des sciences appliquées à la médecine et à la pharmacie, à l'agriculture, aux arts et à l'industrie (1854-1860). 6 vol.

Almanach et calendrier météorologique à l'usage de l'homme des mers et de l'homme des champs (1865-1877).

Pour plus de détails, consulter Gabrielle Xavier Raspail « La vie et l'œuvre scientifique de F.V. Raspail » ainsi que Jonathan Barbier et Ludovic Froment « Une imagination républicaine François Raspail (1794-1878) ».

Illustrations

Les gravures ici rassemblées sont tirées des œuvres de Raspail. Elles servent à illustrer ses travaux à connotation scientifique plus que ses écrits proprement populaires comme le *Manuel annuaire* ou le *Fermier vétérinaire*. Hormis les planches 1, 4, 9 et 10, les autres planches sont extraites du *Nouveau système de chimie organique fondé sur de nouvelles méthodes d'observation*, 1838 (collection BIU Santé, cote 06591). Elles ont été choisies pour illustrer la variété des préoccupations de l'auteur de la botanique à l'étude des animaux fossiles, sans oublier la structure intime de tissus de nature animale et l'embryologie.

Pl. 1 *:Portraits de François-Vincent Raspail publiés dans les avertissements de son Manuel annuaire de santé. De gauche à droite et de haut en bas, les portraits représentant Raspail en 1848, en 1864, en 1869 et en 1878 (d'après Ph. Albou, Hist. Sci. Med. 2015, tome XLVI, n° 2, 157-165).*

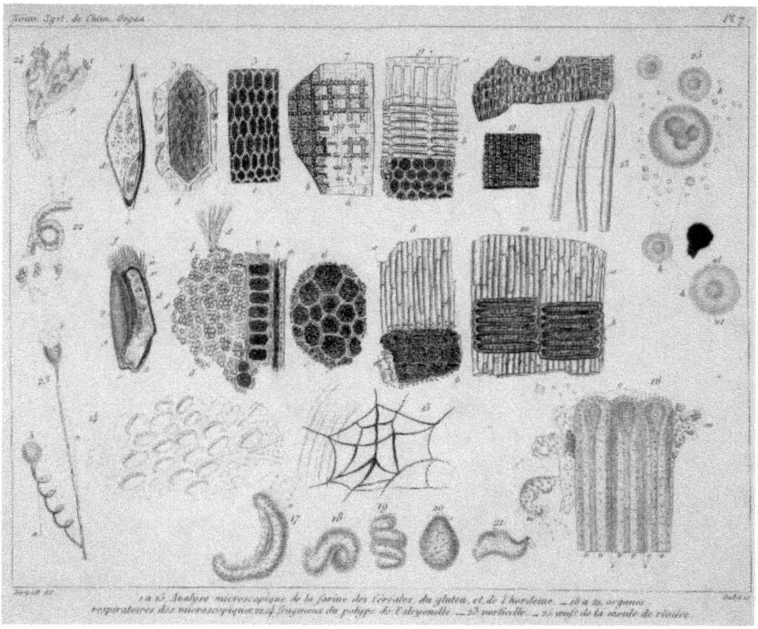

***Pl. 2** : 1 à 15 : Analyse microscopique de la farine des céréales, du gluten, et de l'hordéine ; 16 à 21 : Organes respiratoires des microscopiques ; 22 et 24 : Fragments du polype de l'alcyonelle ; 23 : Vorticelle ; 25 : Œufs de la moule de rivière.*

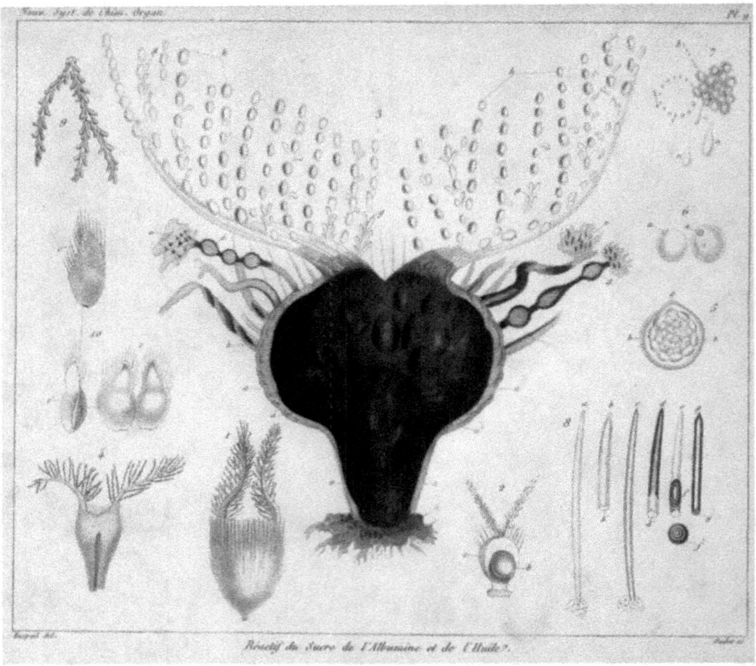

Pl. 3 *: Réactifs du sucre, de l'albumine et de l'huile. 1 : Ovaire jeune de l'avoine ordinaire ; 2 : Périsperme jeune du blé ; 3, 4 : Ovaire d'orge ; 5 : Périsperme dans l'acide sulfurique ; 6 : Grains de pollen dans l'acide sulfurique ; 7 : Périsperme de maïs dans l'acide sulfurique ; 8 : Caractères distinctifs des poils, des bulles d'air et des cristaux ; 9 : Fragment d'un stigmate d'ovaire de graminée.*

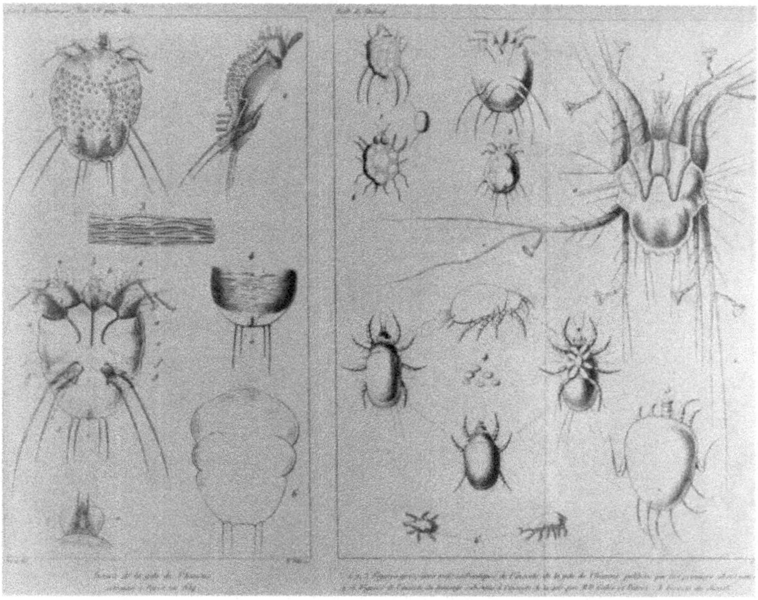

Pl. 4 *: Insecte de la gale de l'homme, insecte du fromage, insecte du cheval (Bulletin général de thérapeutique médicale et chirurgicale, 1834, Collection BIU santé, cote 090014).*

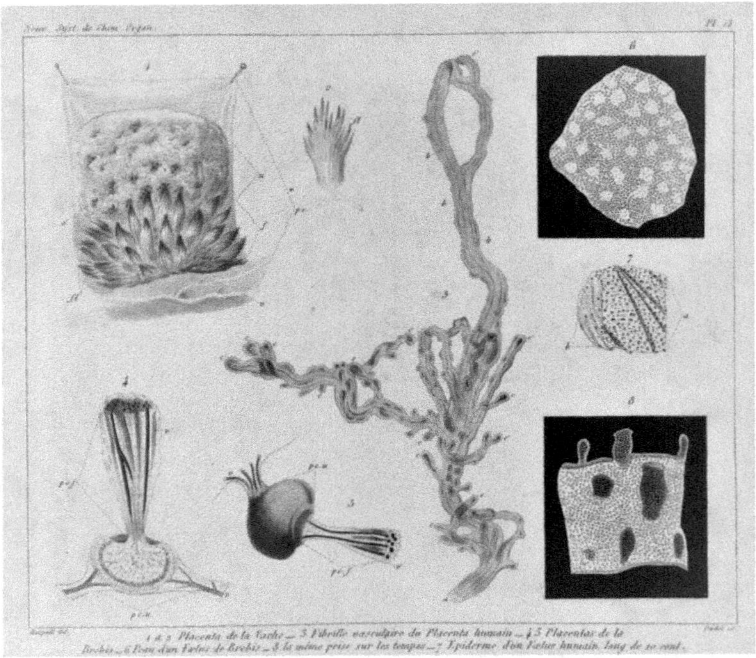

***Pl. 5** : 1 à 2 : Placenta de la Vache ; 3 : Fibrille vasculaire du placenta humain ; 4 à 5 : Placentas de la brebis ; 6 et 8 : Peau d'un fœtus de brebis ; 7 : Épiderme d'un fœtus humain long de 10 centimètres.*

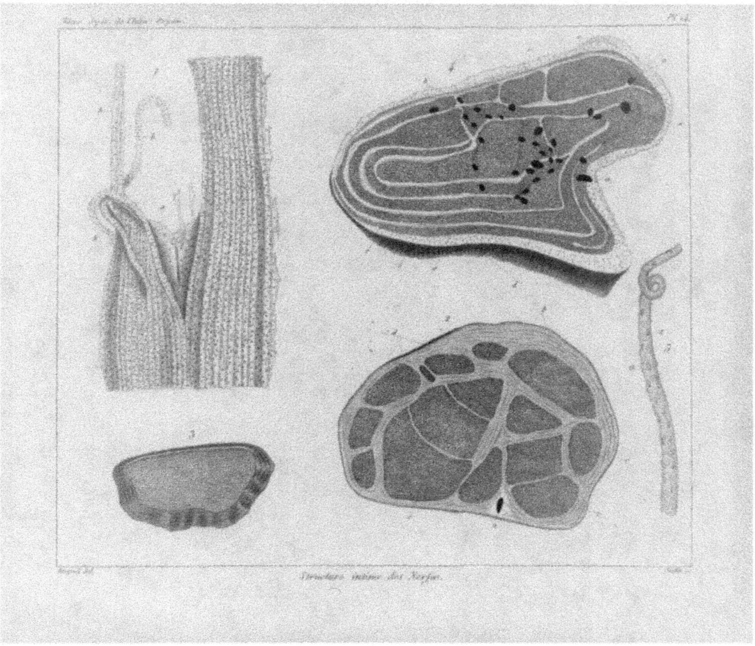

***Pl. 6** : Structure intime des nerfs.*

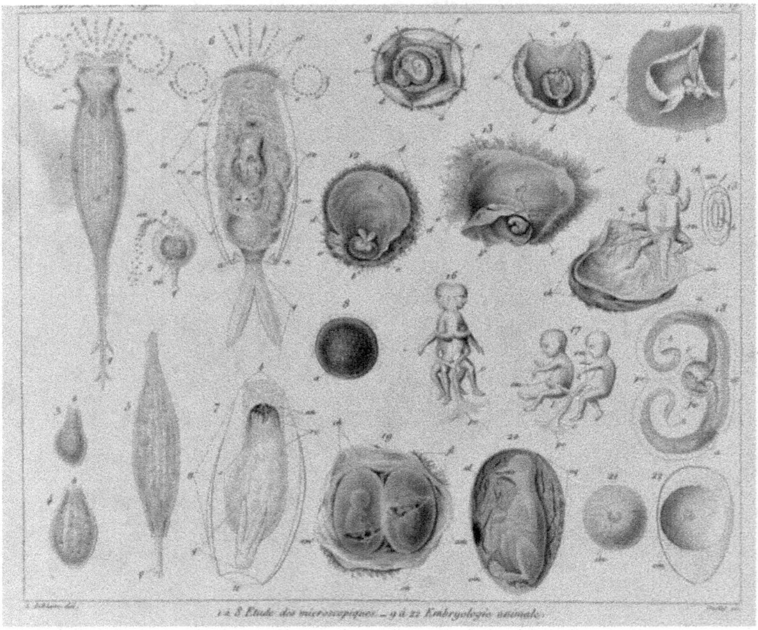

Pl. *7 : 1 à 8 : Étude des microscopiques ; 9 à 22 ; Embryologie animale*

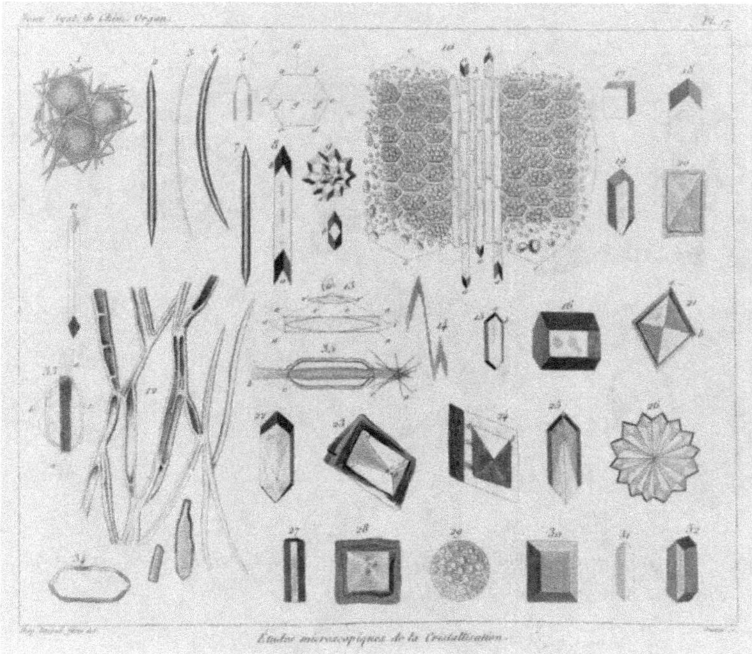

Pl. 8 *: Études microscopiques de la cristallisation.*

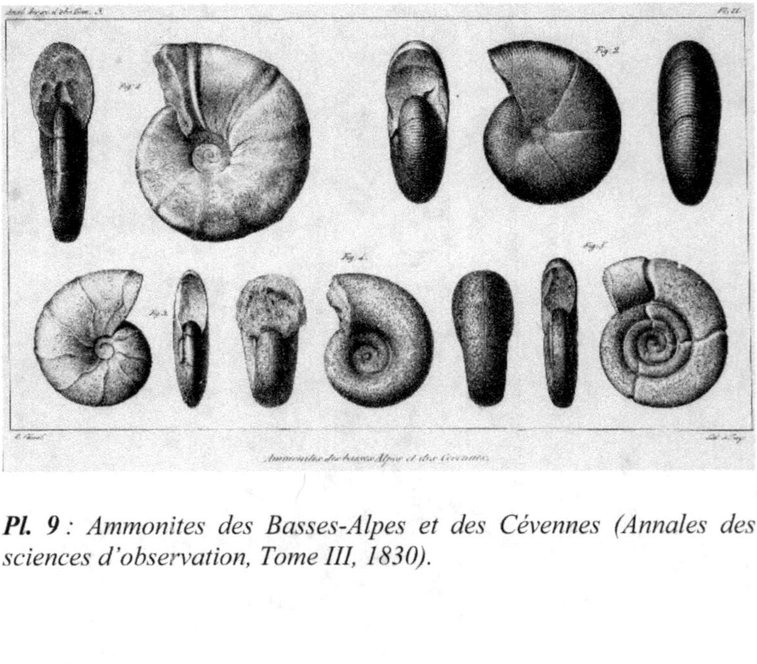

Pl. 9 *: Ammonites des Basses-Alpes et des Cévennes (Annales des sciences d'observation, Tome III, 1830).*

Pl. 10 *: Le citoyen Raspail. Caricature d'André Gil, L'Eclipse, 1869 (Collection BIU santé, cote : CIPC0121)*

Table des matières

Structures éditoriales du groupe L'Harmattan

L'Harmattan Italie
Via degli Artisti, 15
10124 Torino
harmattan.italia@gmail.com

L'Harmattan Hongrie
Kossuth l. u. 14-16.
1053 Budapest
harmattan@harmattan.hu

L'Harmattan Sénégal
10 VDN en face Mermoz
BP 45034 Dakar-Fann
senharmattan@gmail.com

L'Harmattan Cameroun
TSINGA/FECAFOOT
BP 11486 Yaoundé
inkoukam@gmail.com

L'Harmattan Burkina Faso
Achille Somé – tengnule@hotmail.fr

L'Harmattan Guinée
Almamya, rue KA 028 OKB Agency
BP 3470 Conakry
harmattanguinee@yahoo.fr

L'Harmattan RDC
185, avenue Nyangwe
Commune de Lingwala – Kinshasa
matangilamusadila@yahoo.fr

L'Harmattan Congo
219, avenue Nelson Mandela
BP 2874 Brazzaville
harmattan.congo@yahoo.fr

L'Harmattan Mali
ACI 2000 - Immeuble Mgr Jean Marie Cisse
Bureau 10
BP 145 Bamako-Mali
mali@harmattan.fr

L'Harmattan Togo
Djidjole – Lomé
Maison Amela
face EPP BATOME
ddamela@aol.com

L'Harmattan Côte d'Ivoire
Résidence Karl – Cité des Arts
Abidjan-Cocody
03 BP 1588 Abidjan
espace_harmattan.ci@hotmail.fr

Nos librairies en France

Librairie internationale
16, rue des Écoles
75005 Paris
librairie.internationale@harmattan.fr
01 40 46 79 11
www.librairieharmattan.com

Librairie des savoirs
21, rue des Écoles
75005 Paris
librairie.sh@harmattan.fr
01 46 34 13 71
www.librairieharmattansh.com

Librairie Le Lucernaire
53, rue Notre-Dame-des-Champs
75006 Paris
librairie@lucernaire.fr
01 42 22 67 13

www.ingramcontent.com/pod-product-compliance
Lightning Source LLC
LaVergne TN
LVHW011010061026
849535LV00006B/1800